乡村振兴战略之乡村人才振兴
生态循环农业·农民培训精品教材

农作物秸秆与
畜禽粪污资源化综合利用技术

刘 涛 刘 静 吴振美 主编

U0349646

中国农业科学技术出版社

图书在版编目（CIP）数据

农作物秸秆与畜禽粪污资源化综合利用技术 / 刘涛，刘静，吴振美主编 . —北京：中国农业科学技术出版社，2019.4

ISBN 978-7-5116-4090-1

Ⅰ.①农… Ⅱ.①刘…②刘…③吴… Ⅲ.①秸秆–综合利用②畜禽–粪便处理–废物综合利用 Ⅳ.①S38②X713

中国版本图书馆 CIP 数据核字（2019）第 053112 号

责任编辑	白姗姗
责任校对	李向荣

出 版 者	中国农业科学技术出版社
	北京市中关村南大街 12 号　邮编：100081
电　　话	（010）82106638（编辑室）　　（010）82109702（发行部）
	（010）82109709（读者服务部）
传　　真	（010）82106650
网　　址	http://www.castp.cn
经 销 者	各地新华书店
印 刷 者	北京富泰印刷有限责任公司
开　　本	850mm×1 168mm　1/32
印　　张	6
字　　数	150 千字
版　　次	2019 年 4 月第 1 版　2019 年 4 月第 1 次印刷
定　　价	43.00 元

━━━◆ 版权所有·翻印必究 ◆━━━

《农作物秸秆与畜禽粪污资源化利用技术》

编委会

主　编：刘　涛　　刘　静　　吴振美

副主编：甘贤禾　　童朝亮　　董晓亮　　刘道静
　　　　张　波　　宋长庚　　英有文　　侯志勇
　　　　王宝广　　李跃华　　张中芹　　王飞翔
　　　　许敬山　　侯忠武　　郭海云　　李春燕
　　　　贾广辉　　褚衍水　　张　杰　　殷国庆
　　　　马奔源　　马佳音　　李　敏　　赵　兵
　　　　杨映红　　姚亚南　　董红燕　　姚丽娟
　　　　左晓霞　　王永芳　　代晓娅　　卢军岭
　　　　黄晓莉　　陈建玲　　郭彦东　　李艳红
　　　　贾　伦　　郭海云

编　委：张怀凤　　梁　誉　　朱　红　　唐广顺
　　　　陈艳玲　　李　为

前　言

农作物秸秆和畜禽粪污资源是一种宝贵的可再生资源，对其综合利用是保护生态环境、节约可再生资源的需要，也是捉进农业可持续发展、建设美丽乡村、实施乡村振兴的要求。

本书介绍了有关农作物秸秆与畜禽粪污资源化综合利用应掌握的工作技能及相关知识，包括概述、秸秆还田利用技术、农作物秸秆肥料化利用技术、秸秆饲料化利用技术、秸秆能源化技术、秸秆基料化利用技术、秸秆建筑技术、畜禽粪污源头减量技术、畜禽粪污清洁回用技术、畜禽粪污达标排放技术、畜禽粪污集中处理技术、发酵床降解资源化利用技术、种养结合资源化利用技术等内容。

本书围绕农民培训，以满足农民朋友生产中的需求。书中语言通俗易懂，技术深入浅出，实用性强，适合广大农民、基层农技人员学习参考。

编　者
2019 年 1 月

目　录

第一篇　农作物秸秆资源化综合利用技术

第二篇　畜禽粪污资源化综合利用技术

第一篇　农作物秸秆资源化综合利用技术

第一章　概　述

农作物秸秆是指各类农作物在收获了主要农产品后剩余地上部分的所有茎叶或藤蔓。通常指小麦、水稻、玉米、薯类、油菜、棉花、甘蔗和其他农作物（通常为粗粮）在收获籽实后的剩余部分。农作物光合作用的产物有 1/2 以上存在于秸秆中，秸秆富含氮、磷、钾、钙、镁和有机质等，是一种具有多用途的可再生的生物资源。秸秆也是一种粗饲料，特点是粗纤维含量高（30%～40%），并含有木质素等。木质素纤维素虽不能为猪、鸡所利用，但却能被反刍动物牛、羊等牲畜吸收利用。

第一节　秸秆种类和利用价值

一、秸秆种类

秸秆一般主要包括禾本科和豆科类作物秸秆。其中，属于

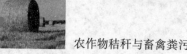

禾本科的作物秸秆主要有麦秸、稻草、玉米秸、高粱秸、荞麦秸、黍秸、谷草等；属于豆科的作物秸秆主要有黄豆秸、蚕豆秸、豌豆秸、花生藤等。此外，还有红薯、马铃薯和瓜类藤蔓等。

二、秸秆的利用价值

秸秆的综合利用途径主要有 5 种：用作肥料、用作饲料、用作燃料、用作工业原料、用作食用菌基料。

1. 秸秆的肥料价值

秸秆中含有大量的有机质、N、P、K 和微量元素，是农业生产中重要的有机质来源之一。据统计，每 100 千克鲜秸秆中含 N 0.48 千克、P 0.38 千克、K 1.67 千克，折合成传统肥料相当于 2.4 千克氮肥、3.8 千克磷肥、3.4 千克钾肥。将秸秆还田可以提高土壤有机质含量，降低土壤容重，改善土壤透水、透气性和蓄水保墒能力，除此之外，还能够改变土壤团粒结构，有效缓解土壤板结问题。若每公顷土壤基施秸秆生物肥 3 750 千克，其肥效相当于碳酸氢铵 1 500 千克、过磷酸钙 750 千克和硫酸钾 300 千克。因此，充分利用秸秆的肥料价值还田，是补充和平衡土壤养分的有效措施，可以促进土地生产系统良性循环，对于实现农业可持续发展具有重要意义。

2. 秸秆的饲料价值

农作物秸秆中含有反刍牲畜需要的各种饲料成分，这为其饲料化利用奠定了物质基础。测试结果表明，玉米秸秆含碳水化合物约 30%、蛋白质 2%~4% 和脂肪 0.5%~1%。草食动物食用 2 千克玉米秸秆增重净能相当于 1 千克玉米籽粒，特别是采用青贮、氨化及糖化等技术处理玉米秸秆后，效益更为可观。为了提高秸秆饲料的适口性，还可对农作物秸秆进行精细加工，在青贮过程中加入一定量的高效微生物菌剂，密封贮藏发酵后，使其变成具有酸香气味、营养丰富、适口性强、转化率高、草食动物喜食的秸秆饲料。

3. 秸秆的燃料价值

作物秸秆中的碳使秸秆具有燃料价值，我国农村长期使用秸秆作为生活燃料就是利用秸秆的这一特性。农作物秸秆中碳占很大比例，其中粮食作物小麦、玉米等秸秆含碳量可达40%以上。目前对于科学利用秸秆这一特性主要有两种途径：一种是将秸秆转化为燃气，1千克秸秆可以产生2立方米以上燃气；另一种是将秸秆固化为成型燃料。

4. 秸秆的工业原料价值

农作物秸秆的组成成分决定其还是一种工业制品原料，除了传统可以作为造纸原料外，秸秆工业化利用还有多种途径：第一，在热力、机械力以及催化剂的作用下将秸秆中的纤维与其他细胞分离出来制取草浆造纸、造板；第二，以秸秆中的纤维作为原料加工成汽车内饰件、纤维密度板、植物纤维地膜等产品；第三，将作物秸秆制成餐具、包装材料、育苗钵等，这是近几年流行的绿色包装中常用的原材料；第四，利用秸秆中的纤维素和木质素做填充材料，以水泥、树脂等为基料压制成各种类型的纤维板、轻体隔墙板和浮雕系列产品等建筑材料。

5. 秸秆的食用菌基料价值

农作物秸秆主要由纤维素、半纤维素和木质素三大部分组成，以纤维素、半纤维素为主，其次为木质素、蛋白质、树脂、氨基酸、单宁等。以秸秆纤维素为基质原料利用微生物生产单细胞蛋白是目前利用秸秆纤维素最为有效的方法之一。用秸秆做培养基栽培食用菌就是该原理的实际应用。

第二节 农作物秸秆综合利用的意义、现状

一、秸秆综合利用的意义

（一）是改善农村卫生条件的清洁工程

目前，我国正在大力推进社会主义新农村建设，要使广大农村走上生产发展、生活富裕、生态良好的文明发展道路。党的十七大明确提出建设生态文明的战略任务，要求到 2020 年全面建成小康社会，把中国建设成为生态环境良好的国家。党的十八大首次单篇论述生态文明，把"美丽中国"作为未来生态文明建设的宏伟目标。因此，要建设社会主义新农村，必须走建设生态乡镇的道路，推进农村环境保护工作，守住农村的"青山绿水"，着力推进绿色发展、循环发展、低碳发展。

（二）是实现国家减排目标的环境工程

气候变暖已经成为世界瞩目的环境问题，我国 CO_2 排放势头迅猛。在我国农业生产过程中，由于化肥农药的大量施用以及农业机械化的推行，我国粮食产量逐年增加，与此同时，我国农作物秸秆越来越多，但是，由于在农村地区液化气等清洁燃料的普及，秸秆的利用率越来越低。尤其是在农村夏、秋收"双抢"季节，大量秸秆得不到及时和妥善处置，最终被付之一炬。尤其是一些经济和农业比较发达的大中城市郊区，在田间地头随意焚烧秸秆的现象十分普遍。这不仅浪费了宝贵的生物质资源，而且会污染大气环境，增加 CO_2 排放量。我国农村地区每年燃用煤炭约 $5.6×10^8$ 吨，消耗天然气约 $2.65×10^8$ 立方米、液化石油气 $0.36×10^8$ 立方米、煤气 $2.01×10^8$ 立方米、电力

2.52455×10^{11}千瓦时、成品油 5.57146×10^7吨。这些化石燃料的燃烧是我国 CO_2 排放总量迅猛增长的重要原因之一。

将农作物秸秆新型能源化开发利用，不仅可以解决秸秆的焚烧问题，还可以有效地替代煤炭、"三气"等化石能源的消耗和秸秆的直接燃用，降低农村地区 CO_2 的排放量，减轻大气污染。另外，通过秸秆还田培肥地力，可以减少化肥施用量，进而减少化肥生产对煤炭、石油、天然气等化石能源的消耗，促进国家减排目标的顺利实现。

（三）是优化畜牧业结构的节粮工程

我国将长期面临饲料粮短缺的问题。为了保障我国粮食安全和生态安全，必须广辟饲料（草）来源，但目前我国主要牧区天然草地超载过牧问题严重，部分地区的当务之急是禁牧、休牧、限牧，因此，在现有条件下进一步增加我国天然草地载畜量的空间不大。此外，我国耕地资源稀缺，人工饲草地的开辟只能在部分地区进行。因此，充分利用秸秆的饲料价值，采用秸秆养畜是保障畜牧业健康发展的重要举措。

（四）是提高土壤综合生产能力的沃土工程

建设现代农业，就是要转变农业增长方式，促进农业又好又快地发展。发展现代农业，必须有效地减少化肥、农药等投入，积极发展循环农业、有机农业、生态农业。秸秆资源是发展现代农业的重要物质基础，农作物光合作用的产物一半在籽粒中，一半留在秸秆中。秸秆含有丰富的有机质、氮、磷、钾和微量元素。以我国每年秸秆产量 7×10^8 吨计算，这些秸秆中含氮 460 多万吨，含磷约 1.25×10^6 吨，含钾 1 100多万吨，是农业生产重要的有机肥源。在现有农业生产条件下，如果每公顷耕地秸秆还田量为 $3.0 \sim 4.5$ 吨，可使粮食平均增产 15%以上；若连续三年秸秆还田，可使土壤的理化性状明显改善。

（五）是实现农业可持续发展的生态工程

在社会主义新农村的建设过程中，充分开发利用秸秆的"五料"（燃料、饲料、肥料、工业原料、养殖基料）价值，因地制宜地推行秸秆还田、秸秆饲料化、秸秆压块、秸秆汽化等具有高附加值的新型能源化利用技术，对保护农村的生态环境具有重要作用。秸秆新型能源化开发利用可有效地减少农村薪柴的燃用消耗，保护我国有限的森林资源。利用秸秆作为工业原料替代木材造纸和加工板材，也可有效地减少木材消耗。秸秆饲料化利用可减轻草原超载过牧的压力，有利于保护草原生态环境，此外，秸秆资源综合利用可以避免秸秆焚烧，有利于保护大气环境。综合来看，秸秆综合利用是实现农业和农村经济可持续发展的生态工程。

二、秸秆综合利用的现状

据国家环境保护农业废弃物综合利用工程技术中心统计，我国农作物秸秆利用量约为 5.0×10^8 吨，综合利用率为 70.6%。其中，秸秆作为饲料利用量约为 2.18×10^8 吨；作为肥料利用量约为 1.07×10^8 吨（其中不包含根茬还田，根茬还田量约为 1.58×10^8 吨）；作为食用菌基料利用量约为 0.18×10^8 吨；用作人造板、造纸等工业原材料量约为 1.18×10^8 吨；作为燃料利用量（主要包括传统炊事取暖和秸秆新型能源化利用）约为 1.22×10^8 吨。

第二章 秸秆还田利用技术

第一节 秸秆还田机理

一、秸秆还田方式

秸秆还田可以分为两大类：直接还田和间接还田。通常所说的秸秆直接还田是指作物收获后剩余的秸秆等直接还田，不包括地下根茬。主要有3种方式，即翻压还田、覆盖还田和留高茬还田。秸秆间接还田是指秸秆作为其他用途后产生的废弃物继续还田，包括菌糠沼肥还田、秸秆堆沤还田、外置式秸秆生物反应堆气渣液综合利用技术，以及草木灰还田4种方式。

（一）秸秆直接还田

1. 秸秆直接还田

指作物收获时，作物籽粒可作为农产品部分从田间运出，其余部分就地还田培肥土壤。目前秸秆还田技术日趋完善，除了传统的过腹还田、高温堆肥等方式，生产实践中总结归纳出许多秸秆直接还田方式，如秸秆粉碎还田、留高茬还田等。

（1）秸秆直接还田方式。

①墒沟埋草还田：稻麦轮作的田块，麦收后在麦田原有墒沟内埋秸秆，经浅耕整地，放水栽稻，墒沟中所埋秸秆在高温季节水沤一段时间后即会腐烂，沟泥下沉，自然形成稻田一套

沟，同时又为下茬准备了有机肥。

②留高茬还田：稻麦等禾本科作物收割时留茬约 30 厘米高（每亩*留草量 150~300 千克），利用旋耕机灭茬还田。

③留高茬套播还田：在前茬收割前 10~15 天，将下茬处理好的种子（如经过浸芽的水稻种）套播于前茬田中，收割时留高茬 30~40 厘米高还田。

④覆盖还田：在农作物播（栽）后的田面或株行间，将禾本科作物秸秆均匀覆盖还田，适宜覆盖秸秆量每亩 200~300 千克。

⑤玉米秸秆还田：玉米果穗收获后，将青玉米秸秆切碎并翻埋（约纵横旋耕 2 遍即可达到效果），然后正常种蔬菜、小麦等。

（2）秸秆直接还田方式适用田块。

①水稻田：此类田块水分充足，秸秆还田腐烂分解快，可选择塝沟埋草、留高茬返转灭茬、留高茬稻套麦等还田方式。

②旱（麦）田：此类田块可选择留高茬返转灭茬、留高茬麦套稻、覆盖还田等还田方式。

③移（播）栽田及果林园：此类田一般具有较大的株行距空间（如玉米、棉花、果林园等），宜选择覆盖还田方式。

（3）秸秆直接还田比较成熟的技术模式。

①机械粉碎还田：在收获的同时将秸秆粉碎，均匀抛撒到田间，用机器翻入田间。在机械化程度高的地区，玉米秸秆多采用该种方式。

②秸秆覆盖还田：在作物收获后，将秸秆覆盖在田间，采取免耕措施，开沟或挖穴播种，经过一个生长季，秸秆在田间

---

* 1 亩 ≈ 667 平方米，1 公顷 = 15 亩

自然腐烂。在机械化程度较高地区，多采用第一种还田方式；在机械化程度较低地区，多采用后一种方式。

2. 秸秆覆盖还田

（1）秸秆覆盖还田的作用。

①能够有效地遮挡阳光直射地表，减少土壤水分蒸发和地表风蚀（较地表裸露减少水分损失 30%～40%），提高水分利用率，增强农作物抗旱的能力。

②防止大雨对地表直接冲击造成的土壤水毛细管封闭、渗水能力下降、水土流失和环境恶化，减少地表雨水径流（较传统土地耕翻地表，大雨径流减少 80% 以上，雨水利用率提高 15%～18%），最大限度地蓄存雨水。

③秸秆内寄生有大量虫卵和病菌，覆盖地表通过长时间阳光紫外线辐射、伏天高温、冬天严寒灭杀，可有效地抑制病虫害的发生。

④秸秆分解腐烂，可增加土壤有机肥力，改善土壤结构；减少化肥用量，提高粮食产量和质量。连年秸秆覆盖还田，土壤有机质含量年递增 0.04%～0.06%，粮食增产 10%～15%，干旱年份增产效果更为显著。

⑤可抑制杂草生长；冬天可提高地温，促进小麦分蘖和安全越冬。

⑥可防止秸秆焚烧造成的资源浪费和环境污染。

（2）秸秆覆盖还田作业要求。秸秆覆盖率大于 30%，覆盖均匀，播种机能够顺利地完成播种，保证种子正常发芽和出苗。

（3）秸秆覆盖种类与效果。秸秆覆盖的种类包括直茬覆盖、粉碎覆盖、带状免耕覆盖和浅耕覆盖。

（二）秸秆间接还田

秸秆间接还田要依靠科学技术，走商品化、产业化开发利用秸秆之路。主要方式如下。

（1）将作物秸秆堆腐沤制后还田。有秸秆堆腐、高温堆腐、秸秆腐熟剂堆腐等方式。

（2）菌糠还田。秸秆作基料生产食用菌，再将废渣还田。

（3）沼肥还田。就是秸秆在沼气池中发酵后，再将沼液沼渣施入农田。

（4）过腹还田。利用秸秆喂牲畜，再以其粪便还田，这样可形成一个良好循环系统。

二、秸秆还田技术

秸秆的盲目还田常常会因翻压量过大、土壤水分不适、施氮肥不够、翻压质量不好等原因，出现妨碍耕作、影响出苗、烧苗以及病虫害增加等现象，有的甚至造成减产。为了克服秸秆还田的盲目性，提高效益，推动秸秆还田发展，我国不少科研单位开展了不同农区秸秆还田的适宜条件研究，使秸秆还田的各项技术具体化、数量化。

（一）秸秆还田方式

秸秆直接还田目前主要有 3 种方式，即机械粉碎翻压还田、覆盖还田和高留茬还田。从生产实际出发，一般采取本田秸秆还田。

华北地区除高寒山区外，绝大部分地区都可采用秸秆直接粉碎翻压还田。水热条件好、土地平坦、机械化程度高的地区更加适宜。西南地区和长江中游地区，水田宜于翻压，旱作地宜于覆盖。浙江等三熟制地区，将早稻草翻压还入晚稻田中。

（二）水肥管理

（1）合理配施氮磷肥。作物秸秆 C/N 比值较大，一般在（60~100）∶1。微生物在分解作物秸秆时，需要吸收一定的氮自养，从而造成与作物争氮，影响苗期生长。我国土壤磷、钾也较缺乏，所以秸秆还田时一定要补充氮素，适量施用磷、钾肥，一方面可以改善微生物的活动状况，另一方面可以减少微生物与作物争肥的影响。此外，秸秆还田应该与各地的平衡施肥相结合进行。

（2）调控土壤水分。合适的土壤水分含量是影响秸秆分解的重要因素。华北地区秸秆还田把土壤水分调控在 20%左右最有利于秸秆的分解。水田翻压秸秆要注意淹水还原状态下产生甲烷、硫化氢等有害气体。在未改造好的冷浸田、烂泥田和低洼渍涝田，不要进行秸秆翻压还田。在一般稻草翻压还田的田块，水分管理要浅灌、勤灌，适时烤田，在分蘖初期及盛期各耕田 1 次，以便增加土壤通透性，排出稻草腐解过程中产生的有害气体。旱作物上，秸秆还田也要注意调节水分，经常保持土壤湿润。

（三）防治病虫害和杂草

产生严重病害的稻草不宜还田，有三化螟发生的田块，稻桩应深压入土，也可以焚烧处理。秸秆还田，特别是秸秆覆盖为病虫害提供了栖息和越冬的场所，尽量减少覆盖秸秆病穗的残存和越冬基数，是减少病虫害传播的有效方法。凡有病虫害严重发生的秸秆都不能进行还田。水稻秸秆凡有纹枯病、稻瘟病、白叶枯病等病害的稻草不宜还田，有三化螟发生的田块，稻桩应深压入土。杂草会与作物争水、肥和光能，侵占地上部和地下部空间，影响作物光合作用，降低作物产量和质量，杂草还是病虫害的中间寄主。华北地区 6—9 月是高温多雨季节，杂草生长很快，及时防除杂草十分重要。及早在玉米行间覆盖麦秸能有效抑制杂草生长，如果与使用除草剂相结合，除草效果就会更好。麦田除草剂应在播后苗前喷施，土面喷雾，趁墒

农作物秸秆与畜禽粪污资源化综合利用技术

覆盖秸秆。

第二节　秸秆还田机械化

　　机械化秸秆还田技术，不仅抢农时、保墒情，解决了及时处理大量秸秆就地还田、避免了秸秆腐烂焚烧带来的环境污染等问题，而且为大面积以地养地、增加土壤有机质含量，改善土壤结构、培肥地力、提高农作物产量走出了一条新的路子。机械化秸秆还田技术可以在作物收获的同时进行秸秆还田，秸秆粉碎粗细适中、抛撒均匀、翻压深浅适宜，最大限度地减少了秸秆还田对下茬作物带来的负面影响。此外，机械化秸秆还田技术在抗旱保墒、减少化肥用量和节约生产成本、保护生态环境等方面均有明显效果。秸秆还田机械化主要有秸秆粉碎直接还田机械化、根茬粉碎直接还田机械化、秸秆整株还田机械化3种机械化还田方式。

一、秸秆粉碎直接还田机械化技术

　　该技术是以机械粉碎、破茬、深耕和耙压等机械作业为主，将作物秸秆粉碎后直接还到土壤中，争抢农时，是一项综合配套技术。该技术是用秸秆粉碎机将摘穗后的玉米及高粱、小麦等秸秆就地粉碎，均匀地抛撒在地表，随即翻耕入土，使之腐烂分解，达到大面积培肥地力的目的。所采用的秸秆粉碎还田机械主要有锤抓型、甩刀型和直刀型动力与定刀切割结构，可对小麦、玉米、高粱、水稻等软硬秸秆及甘蔗叶、蔬菜茎蔓等进行粉碎。无论是田间直立还是铺放的秸秆，均可粉碎后均匀抛撒于地表。

1. 机械化作业工艺

秸秆粉碎还田能促进粮食增产，但只有依照一定的工艺程序来作业，才能达到预期的目的。

（1）小麦秸秆粉碎还田机械化工艺。实践中，小麦秸秆粉碎还田机械化工艺有两种：小型收割机收割时留高茬、秸秆粉碎→还田机粉碎、抛撒→播种；联合收割→秸秆粉碎还田机粉碎、抛撒→播种。

小麦秸秆还田的方法：机械收获小麦、机械粉碎秸秆、免耕播种机械播种玉米或补施氮磷肥后用高柱犁深耕翻埋、整地后播种其他作物或放水泡田后栽插水稻。该技术适宜推广范围为北方小麦产区和南方麦稻产区。

（2）玉米秸秆粉碎还田机械化工艺。玉米秸秆粉碎还田机械化工艺有两种：摘穗→秸秆粉碎还田机粉碎，抛撒→施肥→旋耕（或耕茬）→深耕→压盖→播种；玉米收获机（配粉碎还田机）收获、秸秆粉碎抛撒→施肥→旋耕（或耙茬）→深耕→压盖→播种。

玉米秸秆还田的方法：人工收获玉米果穗后，机械粉碎玉米秸秆，或机械联合收获，同时粉碎秸秆，补施氮磷肥后深耕翻埋，整地后播种小麦。该技术适宜南北方玉米产区，人工收获玉米果穗后，高柱犁直接翻埋玉米秸秆技术，适宜北方旱作区玉米单季产区。

（3）水稻秸秆粉碎还田机械化工艺。在多季稻产区，早稻收获时留高茬→圆盘犁带水犁耕或用旋耕机旋耕→水田驱动耙整地，实现部分秸秆机械化还田。

水稻秸秆还田的方法：机械收获水稻后，机械粉碎秸秆抛撒在田中，放水泡田后补施氮肥，然后用反转旋耕灭茬机，或水田旋耕埋草机，或水田驱动耙等水田埋草耕整机具进行埋草整地作业。该技术适宜双季稻或多季稻产区。

2. 机械化作业实施要点

下面主要介绍玉米秸秆粉碎还田作业实施要点。

（1）玉米摘穗。在不影响产量的情况下，趁秸秆青绿，及早摘穗，并连苞叶一起摘下。

（2）秸秆粉碎。玉米摘完穗后，用秸秆粉碎还田机及时粉碎。作业时要注意选择拖拉机作业工作台位和调整留茬高度，粉碎长度不宜超过 10 厘米，严防漏切。玉米秸秆不能在撞倒后再粉碎，否则不仅不能把大部分秸秆粉碎，还会因粉碎还田机工作部件位置过低、刀片打击地面而增加负荷，甚至使传动部件损坏。工作部件的地隙宜控制在 5 厘米以上。此外，要做到适时粉碎，玉米秸秆最佳粉碎期是在玉米成熟后，秸秆呈绿色，含水率在 30% 以上。此时秸秆本身含糖分、水分大，易被粉碎，对加快腐解、增加土壤养分大为有益。

（3）施肥。玉米秸秆在土壤中腐解时，要吸收土壤中原有的氮、磷和水分，因此，当底肥不足时，就会出现秸秆腐解与作物争水、争肥现象，影响作物生产发育。为此应施加一定量的氮、磷化肥，一般每公顷还田秸秆 7 500 千克，需施 67.5 千克氮和 22.5 千克纯磷（或施 300~750 千克碳酸氢铵或 150~225 千克尿素），以便加快秸秆腐解，尽快变成有效养分，还可防止与麦苗争氮。

（4）旋耕或耙地灭茬。玉米秸秆粉碎还田加施化肥后，要立即旋耕或耙地灭茬，使秸秆均匀分布于 0~10 厘米的土层中，在与土壤混合过程中把玉米根茬切开，并再次切碎较长的茎秆，以利充分腐解。

（5）深耕。耕深要求在 20~25 厘米，通过翻耕、压、盖、消除因秸秆造成的土壤架空，为播种创造条件。可用大、中型拖拉机配套的深耕犁、环形镇压器、木器一次完成耕翻、镇压、耢等作业。或用小型拖拉机配单铧犁深耕覆盖，耕深不小于 15 厘米。

（6）播种。小麦播种前要浇足塌墒水，以消除土壤架空，促进秸秆腐解。要精细整地，使用耢耙，消灭明暗坷垃，达到土碎地平，并进一步解决土壤架空问题，使土壤上虚下实。播种最好使用带圆盘式开沟器的播种机，以免勾挂根茬或秸秆造成壅土，影响播种质量。

（7）浇水。玉米秸秆在土壤中腐解时需水量较大，如不及时补水，则不仅腐解缓慢，还会与麦苗争水。因此要浇好封冻水，这对当季秸秆还田的冬小麦尤为重要。来年春季要适时早浇返青水，促进秸秆腐解，保证麦苗正常生长发育所需的水分。

此外，水稻秸秆还田机械收获水稻，机械粉碎秸秆抛撒在田中，放水泡田后补施氮肥，然后用反转旋耕灭茬机或水田旋耕埋草机或水田驱动耙等水田埋草耕整机具进行埋草整地作业。该技术适宜双季稻或多季稻产区。

二、根茬粉碎直接还田机械化技术

该技术是将割去秸秆后的根茬用机械粉碎后混于耕层土壤中的一项机械化技术，能很好地增加土壤有机质，培肥地力，增加耕层的透水能力，蓄水保墒防春旱，防止风蚀、雨蚀，省工增产。适用于实行轮作制度地区的玉米、高粱、大豆等作物。

（一）机械根茬还田的条件

（1）土壤含水量适宜。土壤含水量过大，会影响作业质量和工作效率。一般应在土壤含量 15%～22% 的情况下进行作业，这样可使作业后的垄上形成松散细碎的土层，为原垄播种创造良好的条件。

（2）耕地坡度应在 6°以下。根茬还田作业时耕地坡度，特别是横向坡度要求在 6°以下，以防止工作部件偏离作业垄距，造成漏耕。

（3）对根茬高度的要求。计划用机械使根茬还田的地块，在收割时留茬高度在 10 厘米以内为宜，最高不得超过 15 厘米。

（4）选择作业期。最佳作业期为秋季，在收割后到地表结冻前均可。这一时期作物根茬含水量高，处于活茬状态，比较脆，根茬容易被粉碎，还田效果好。春季作业时，要在地表化冻 15 厘米到播种前进行（即从 3 月 25 日到 4 月 10 日）。

（二）玉米根茬还田技术的应用

玉米根茬还田作业期可在秋季也可在春季。根茬还田还必须注意农机、农艺的紧密结合，机具要符合农艺要求，农艺也要为机具作业创造适当的条件。

（1）玉米根茬还田机的主要技术规格。以 1GQN180D 型灭茬机为例，其主要技术规格为：机器重量：4 300 千克；作业速度：1~4 千米/时；耕幅：180 厘米；生产率：0.2~0.33 公顷/时；配套动力：38 千瓦拖拉机；耕深：14~20 厘米。

（2）玉米根茬还田技术要求。

①玉米根茬还田要选择根茬含水率在 30%时为宜，粉碎后长度在 5 厘米以下，站立漏切的根茬不超过 0.5%，碎土率达到 93.8%。

②根茬粉碎还田后，要及时追施底肥，除施粪肥外，一定要撒施 20~50 千克氮肥，这样可防止微生物分解有机质时与下茬作物争夺氧分，而且有利于根茬的腐烂。

③撒肥后要及时进行耕翻，将粉碎后的根茬尽量埋入地下。这样做一是有利于根茬和土保持水分，以利分解；二是可以避免化肥的挥发，以保持肥效。

④为防止还田地种子架空，影响出苗，要进行全面耙压，保证墒情，促进下茬种子发芽和根茬的腐烂。

（三）玉米根茬还田前的准备

（1）地块准备。将割后的秸秆运出地块，测定玉米行距和垄高，并观察地块中有无影响机械作业的障碍物，如有要清除。

（2）选择适合玉米根茬行距的根茬还田机。要保证拖拉机轮胎走在垄沟上，工作幅要有足够的宽度，确保根茬都能粉碎还田。

（3）适度调整。调整不合要求的各个部件。

（4）进行根茬粉碎还田的质量检查。检查根茬粉碎的长短、抛撒在地上的均匀情况、行走速度是否合适等与作业质量有关的因素，不适合的应调整到合适为止。

三、秸秆整株还田机械化技术

机械化秸秆整体直接还田可分为整体直接翻埋和整体覆盖两种方式。整秸还田广泛应用于玉米等作物上。玉米秸秆整翻操作是在玉米成熟后，只将玉米穗收获，然后把秸秆、茎叶及根以整株状态原位不动翻埋入土中，达到秸秆全部还田的目的。该技术具有抗旱保墒、减少作业环节、提高土壤有机质以培肥地力等作用，所用的机具设备为高犁柱深耕犁和整秆覆盖机，配套动力为大中型拖拉机。

（一）整翻技术工艺

玉米摘穗→轧倒或踩倒→施肥→深耕翻埋→小麦播种→播后镇压。

具体操作步骤如下。

（1）玉米成熟后，把玉米"棒子"掰去，用小四轮拖拉机、手扶拖拉机或农用三轮车在拉运玉米"棒子"时将玉米秸

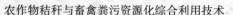

秆轧倒，也可以在掰"棒子"时人工将秸秆踩倒。

（2）按常规方法往玉米秸秆上撒施底肥碳酸氢铵 900～1 125 千克/公顷。

（3）用东方红 70、上海 50、铁牛 55 或泰山 25 等大中型拖拉机翻耕，将玉米秸秆整株翻压在土壤内，耕深 20～25 厘米，同时用圆盘耙或合墒器耙平。

（4）用圆盘式播种机播种小麦，播后镇压。整翻后，通过播种、镇压这些相应的配套措施，小麦出苗整齐，长势良好，冬前与清茬对照相比，株高和根量略显增加，小麦产量和土壤有机质逐年提高。

（二）整翻技术要点

（1）具有保证小麦出苗的土壤墒情。在玉米收获前，如果天气干旱无雨，土壤墒情不足，可于收获前 10 天左右灌水 1 次，为小麦出苗造墒，同时也有利于秸秆翻压后腐解。

（2）适时收获及时翻埋。玉米籽粒达到蜡熟后期，基本成熟，在不影响产量的情况下，应及早收获，尽量在玉米茎叶保持青绿时进行翻埋，以保持秸秆的水分和养分，加速秸秆入土后的腐解速度。

（3）注意秸秆倒向。把玉米穗收获后，要按照翻耕时拖拉机的前进方向将秸秆轧倒或踩倒，切勿将秸秆拔出或与拖拉机前进方向垂直或相反，否则会秸秆壅堵，翻埋不严，影响下一步播种工序的质量。

（4）必须播后镇压。小麦播种后因大量秸秆入土造成架空不实，所以必须用"V"型镇压器进行镇压，否则小麦出苗不齐。

水田整秆还田的秸秆除了稻秸和麦秸外，还可以将瓜藤、绿肥和田间杂草直接旋耕还田。所采用的机具主要有水田埋草机、埋草驱动耙、旋耕埋草机。

第三节　秸秆堆沤还田技术

秸秆堆沤还田是农作物秸秆无害化处理和肥料化利用的重要途径。在传统农业生产中，秸秆堆沤和粪肥积造，尤其是两者的混合堆肥，是耕地肥料的主要来源，对种植业生产的发展起着至关重要的作用。在现代农业生产中，随着化肥的大量施用，秸秆堆沤还田逐渐被人们忽视，加之其他秸秆还田方式没有得到推广应用，导致土壤有机质减少，土壤肥力下降，严重制约着农作物产量和品质的提高。由于时代发展的要求，秸秆堆沤还田已经不是主要的还田方式，但其在高效有机肥和秸秆批量化处理方面仍将发挥重要作用。

一、农作物秸秆自然发酵堆沤还田技术

（一）技术简介

这是一种我国农村普遍采用的方法，是中低产田改良土壤、培肥地力的一项重要措施。该技术直接把农作物秸秆堆放在地面上，与牲畜粪尿充分混匀后密封，使其自然发酵。这项技术最大的优点是简单方便，但是由于发酵温度较低，因此发酵时间较长，降解的效果也较差。若要缩短堆肥时间，可以采取添加发酵菌营养液和降解菌的措施。

秸秆等有机物的堆沤，根据含水量的多少可分为两大类。一是沤肥还田。如果水分较多，物料在淹水（或污泥、污水）条件下发酵，就是沤肥的过程。沤肥是嫌气性常温发酵，秸秆沤肥制作简便，选址要求不严，田边地头、房前屋后均可沤制。但沤肥肥水流失、渗漏严重，在雨季更是如此，对水体和周边

环境造成污染。同时，由于沤肥水分含量多，又比较污浊，用其作腐熟有机肥料使用较为不便。二是堆肥还田。把秸秆堆放在地表或坑池中，并保持适量的水分，经过一定时间的堆积发酵生成腐熟的有机肥料，该过程就是堆肥。秸秆堆沤，伴随着有机物的分解会释放大量的热量，沤堆温度升高，一般可达60~70℃。秸秆腐熟矿化，释放出的营养成分可满足作物生长的需求。同时，高温将杀灭各种对作物生长有害的寄生虫卵、病原菌、害虫等。秸秆堆沤发酵也有利于降解消除对作物有毒害作用的有机酸类、多酚类以及对植物生长有抑制作用的物质等，保障了有机腐熟肥的使用安全。

(二) 秸秆自然堆沤技术分类

1. 平地堆沤法和半坑式堆沤法

秸秆平地堆沤一般堆高 2 米，堆宽 3~4 米，堆长视材料多少而定。秸秆松散，通常 1 亩农田的秸秆体积在 10 立方米左右，按堆高 2 米计，堆沤 1 亩农田的秸秆约占地 5 平方米，加上沤堆翻倒占地和操作场地，总占地约 10 平方米。秸秆平地堆沤时，在地面上先铺 15 厘米厚的混合材料，然后在其上用木棍放井字形通风沟，各交叉处立木棍，堆好封泥后拔去木棍，即成通气孔。堆肥高出坑沿 1 米为宜，如此一个坑基本上可堆沤 1 亩农田的秸秆。

普通堆肥的配料以玉米秸秆、牛马粪、人粪尿和细土为主，按 3:1:1:5 的质量比例混合，逐层堆积。有机物料混合后，调节水分，使物料含水量达到 50% 左右。堆后一个月翻倒一次，促使堆内外材料腐熟一致。

2. 坑埋式堆沤法

挖适宜深度的堆沤坑，将秸秆填到坑中，盖土自然腐熟。堆沤物与土壤充分接触，即使没有氮素养分和发酵活性微生物的添加，也有大量土壤微生物参与秸秆的分解过程。10 厘米厚的堆沤物覆盖一层土壤，如此夹层式堆积沤制，可以减少苍蝇和臭味的影响，即使在住宅附近也可以利用空地堆沤。坑埋式堆沤要注意雨季积水对堆沤物的影响。

3. 装袋堆沤腐熟法

该方法简单实用，将铡碎的秸秆装入适当大且结实的塑料袋中，束口码放即可。为更好地给微生物创造一个适宜的活动环境，夏季最好用黑色塑料袋，冬季最好用透明塑料袋。需要注意的是，装袋堆沤时适当混入一些土壤，以增加腐熟过程中微生物参与活动的量，并有利于水分和臭味的调控。作为促进腐熟的添加物，可以加适量的油渣、米糠以及硫酸铵等。例如，45 升大小的塑料袋中加 40 升的秸秆，可混合 2~3 千克土、200 克油渣和 50 克硫酸铵。装袋堆沤也要适当翻倒，并控制水分，以保证均匀腐熟。

4. 夹层式堆沤法

夹层式堆沤法又称三明治式堆沤法，堆沤前，要根据需要制备相应尺寸的堆沤筐。首先，在筐的底层铺放 20 厘米厚的碎秸秆（整秸秆铡成 10~20 厘米长短即可），洒水后踩实；然后铺撒一些畜禽粪便（如果是干粪，需要喷洒适量的水）、米糠、油渣、肥料等，再铺放一层碎秸秆……如此一层碎秸秆、一层畜禽粪便，形成夹层式堆积。最上层是畜禽粪便。堆满筐后，盖 1~2 厘米厚的土，再盖上压板，并用塑料布盖好防雨，压上镇石等重物，即完成夹层式堆沤的建造。

5. "四合一" 暖芯堆沤法

人粪尿、畜禽粪便、作物秸秆、土等分别按 10%、40%、30%、20% 的比例混合拌匀，加足够水分保证湿度达 60%，即构成 "四合一" 湿粪。在空闲地上取干秸秆点燃，待火燃尽，立即用干畜粪和秸秆将火堆埋好，厚度约 20 厘米；然后把混合好的"四合一"堆沤料堆培其上，厚度约为 30 厘米，要求暖堆不漏气、不跑热。待第一层堆沤料腐熟到外层时，再堆培第二层堆沤料……如此依次堆培，直到把所有的"四合一"堆沤料用完。最后培一层 20 厘米的湿土，以增加保温。在整个堆培过程中，一定要自然堆放，防止缺水。待热量传递到保温、保湿土层时，要及时翻堆，以防腐熟过度。腐熟好的堆肥呈黑绿色，有臭味。整个堆制过程 10～15 天。此方法最适宜温室大棚堆培所需有机肥的快速腐熟。

二、秸秆堆沤腐熟技术

堆沤是微生物分解有机物的过程，堆肥技术是集成远古时代的经验不断孕育发展而成的微生物管理技术，目的是最大限度地运用微生物的作用分解秸秆和畜禽粪便等有机物料，使其腐熟成为有机肥，以适合现代种植业生产的需要。秸秆堆肥的关键技术是确保微生物处于良好的生存环境，包括微生物生存所需要的营养物质、碳氮比、水分、空气等。

（一）秸秆堆沤腐熟过程

秸秆堆沤是一个有大量微生物参与活动的、复杂的生物化学过程。在秸秆堆沤过程中，直接相关的微生物主要是好氧性微生物和一部分厌氧性微生物。秸秆的基本成分是纤维素、半纤维素和木质素。由于秸秆各组成部分结构上的差异性，参与分解的微生物种类及其作用在秸秆分解的各阶段皆有所不同。任何秸秆的堆沤腐解都可分为 3 个时期，即糖分解期（堆沤初期）、纤维素分解期（堆沤中期）、木质素分解期（堆沤后期）。因此，通过控制与调节秸秆分解过程中微生物活动所需要的条件，就可以控制秸秆分解过程。

1. 堆沤初期：糖分解期

堆沤初期，好氧性微生物丝状菌和细菌快速繁殖，主要分解秸秆中的糖、淀粉、氨基酸和蛋白质等易分解物质。由于微生物的快速繁殖，将不断产生并积累越来越多的热量。

2. 堆沤中期：纤维素分解期

随着堆沤温度升高，进入纤维素、半纤维素分解的纤维素分解期。堆沤温度一般达到60℃以上，放线菌等高温微生物分解半纤维素，大量消耗氧气，逐渐形成厌氧环境，进而纤维素厌氧分解替代半纤维素分解。半纤维素和纤维素分解达到高峰后，沤堆内的温度逐渐下降，开始进入木质素分解期。

3. 堆沤后期：木质素分解期

木质素分解主要由担子菌作用。该阶段富含纤维素分解的中间产物，加之堆沤温度降低等，形成了有利于微生物繁殖的环境条件，使微生物种类趋于多样化，并产生跳虫、蚯蚓等小动物。

（二）秸秆堆沤腐熟的技术要点

1. 营养源及碳氮比的调控

秸秆堆沤需要人为调控，从而为微生物提供一个良好的生存环境。环境调控的关键是控制微生物营养源的碳氮比和水分含量。在有机料堆沤过程中，微生物生长需要碳源，蛋白质合成需要氮源，而且对氮的需求量远远大于其他矿物营养成分。碳氮比过低，在有机物料分解过程中将产生大量的 NH_3，腐臭强烈，并导致氮元素损失，降低堆肥的肥效。初始碳氮比过高（高于35∶1），氮素养分相对缺乏，细菌、丝状菌、放线菌和担子菌等微生物的繁殖活性受到抑制，有机物降解速度减慢，堆肥时间加长，同时也容易引起堆腐产物的碳氮比过高，作为有机肥施用可能导致土壤的"氮营养饥饿"，为害作物的生长。当碳氮比为（20~30）：1时，水分含量60%是堆沤最适宜的条件。

秸秆的碳氮比通常在（60~90）：1。在秸秆堆沤时，应适当加入人畜粪尿等含氮量较高的有机物质或适量的氮素化肥，把其碳氮比调节到适宜的范围内，以利于微生物繁殖和活动，缩短堆肥时间。添加畜禽粪便调节堆沤秸秆的碳氮比也是通常采用的方法。畜禽粪便的碳氮比在（12~22）：1。鸡粪、鸭粪的碳氮比较低，一般在（12~15）：1；羊粪、猪粪一般在（16~18）：1；马粪和牛粪的碳氮比较高，一般在（19~22）：1。使用牲畜尿调节秸秆堆沤碳氮比，虽然尿中含有大量的氮和钾，但同时也含有较多的盐分，堆沤使用时需要加以考虑。为促进秸秆发酵进程，添加氮素把发酵物料的碳氮比调整为（20~30）：1最为适宜。

2. 水分和空气

适宜的水分含量和空气条件对于秸秆的堆沤至关重要。水分含量过高，形成厌氧环境，好氧菌繁殖受到抑制，容易产生堆腐臭和养分损失。水分含量过低，会抑制微生物活性，使分解过程减慢。最适宜的水分含量一般在60%左右，用手使劲攥湿润过的秸秆，有湿润感但没有水滴出，基本可以确定为水分含量适宜。

空气条件同样影响微生物活性。氧气不足，影响微生物对秸秆的氧化分解过程。良好的好氧环境能够维持微生物的呼吸，加快秸秆的堆沤腐熟过程。但如果沤堆的疏松通气性过大，容易引起水分蒸发，形成过度干燥条件，也会抑制微生物的活性。较为适宜的秸秆堆沤容积比为固体40%、气体30%、水分30%。最佳容重判定值应保持在500~700千克/立方米的范围。

堆沤秸秆的粗细程度与空气条件有直接关系。铡切较短的秸秆，微生物作用的表面积增大，微生物繁殖速度和秸秆腐熟进度较快，秸秆熟化的均匀度较高。但堆沤秸秆铡切过短，不仅会增加加工成本，而且会因自身重量的作用减少了物料间的空隙，沤堆中通透性恶化，导致好氧微生物的活性和数量降低，分解速度慢，产生堆腐臭。一般秸秆铡切长短以不小于 5 厘米较为适宜。

3. 温度

秸秆腐熟堆沤微生物活动需要的适宜温度为 40~65℃。保持堆肥温度 55~65℃ 一个星期左右，可促使高温微生物强烈分解有机物；然后维持堆肥温度 40~50℃，以利于纤维素分解，促进氨化作用和养分的释放。在碳氮比、水分、空气和粒径大小等均处于适宜状态的情况下，依靠微生物的活动能够使堆沤中心温度保持在 60℃ 左右，使秸秆快速熟化，并能高温灭杀堆沤物中的病原菌和杂草种子。

4. pH 值

大部分微生物适合在中性或微碱性（pH 值为 6~8）条件下活动。秸秆堆沤必要时要加入相当于其重量 2%~3% 的石灰或草木灰调节其 pH 值。加入石灰或草木灰还可破坏秸秆表面的蜡质层，加快腐熟进程。也可加入一些磷矿粉、钾钙肥和窑灰钾肥等用于调节堆沤秸秆的 pH 值。

第四节　秸秆生物反应堆技术

一、秸秆生物反应堆技术简介

秸秆生物反应堆技术是指农作物秸秆在一定的设施条件下，在微生物菌种、催化剂和净化剂等的作用下，定向转化成植物生长所必需的 CO_2、抗病孢子、酶、有机和无机养料、热量，从而提高农作物产量和品质的技术方法。秸秆生物反应堆系统主要由秸秆、菌种、辅料、植物疫苗、催化剂、净化剂、水、交换机、微孔输送带等设施组成。目前秸秆生物反应堆多应用于日光温室农作物栽培上。

二、秸秆生物反应堆反应过程

秸秆生物反应堆进行的反应，一般分为升温阶段、高温阶段、降温阶段和腐熟阶段4个阶段。

1. 升温阶段

秸秆生物反应堆反应初期，堆体温度逐步从环境温度上升到45℃左右。这主要是由其中的微生物新陈代谢导致的，微生物主要来自有机物料腐熟剂，也有部分来自原材料和土壤。这些微生物主要包括细菌、真菌和放线菌，以嗜温性微生物为主，主要是氨化细菌、糖分解细菌等无芽孢菌对粗有机质、糖分等水溶性有机物及蛋白质类进行分解。

2. 高温阶段

堆体温度上升至45℃以上时，即进入高温阶段。在这一阶段，嗜中温微生物代谢受到抑制甚至死亡，嗜热性微生物成为主导微生物，反应堆中残留和新形成的可溶性有机物继续被氧化分解。纤维素、半纤维素和蛋白质类的复杂有机物也开始被强烈分解。随着堆体温度的升高，不同种类的活跃微生物交替出现。温度在50℃左右时，嗜热性真菌和放线菌最活跃，当堆体温度上升至50~70℃的高温阶段时，高温性纤维素分解菌占优势，除继续分解易分解的有机物质外，分解半纤维素、纤维素等物质，这一时期又称为纤维素分解期。当温度上升至60℃时，真菌几乎完全停止活动，只有嗜热性放线菌和细菌继续进行活动。当堆体温度上升到70℃时，大多数嗜热性微生物已经不能适应，不再进行新陈代谢，进入休眠和死亡阶段。

3. 降温阶段

高温阶段造成微生物死亡和新陈代谢活动减弱，堆体温度开始下降，进入降温阶段。随着温度的降低，嗜温性微生物又开始占据主导地位，对残存的难分解有机物做进一步的分解。但由于代谢基质减少，微生物活性普遍下降，堆体发热量下降，温度开始下降。当温度降至 50℃ 以下时，嗜中温性微生物显著增加，主要分解残存的纤维素、半纤维素和木质素，因此，这一时期称为木质素分解期。

4. 腐熟阶段

秸秆生物反应堆反应经历升温、高温和降温 3 个阶段后，把有机物基本氧化分解成有机肥及残余物，需要的氧气量大大减少，进入腐熟阶段。若让秸秆生物反应堆继续运转，就需要重新加料，提供充足的原料和适宜的环境条件。

三、秸秆生物反应堆技术应用对象

1. 果、瓜、菜类

如樱桃、杏、桃、苹果、梨、草莓、甜瓜、西瓜、黄瓜、茄子、甜椒、辣椒、番茄和西葫芦等。

2. 经济作物

如茶树、花生、大豆、烟草、棉花、大姜和芦笋等。

3. 中药材

如三七、人参、西洋参、丹参、桔梗、柴胡、半夏和五味子等。

4. 花卉、苗木

如牡丹、蝴蝶兰、杜鹃、君子兰、玫瑰、百合、地瓜花、菊花以及绿化苗木等。

第三章 农作物秸秆肥料化利用技术

第一节 农作物秸秆肥料化概述

农作物秸秆除富含碳水化合物外，还含有氮、磷、钾及钙、镁、硅等植物生长必需或有益的元素，秸秆肥料化利用，将秸秆归还农田，不仅可起到改良土壤、增加土壤固碳等作用，还可以弥补因作物生长养分吸收引起的土壤矿质养分缺失。秸秆肥料利用已成为秸秆资源化最重要的技术途径，下面主要介绍秸秆直接还田、秸秆间接还田、秸秆腐熟还田技术。

第二节 农作物秸秆直接还田技术

一、秸秆机械混埋还田技术

（一）技术原理

秸秆机械化混埋还田技术，就是用秸秆切碎机械将摘穗后的玉米、小麦、水稻等农作物秸秆就地粉碎，均匀地抛撒在地表，随即采用旋耕设备耕翻入土，使秸秆与表层土壤充分混匀，并在土壤中分解腐烂，达到改善土壤的结构、增加有机质含量、促进农作物持续增产的一项简便易操作的适用技术。秸秆机械化混埋还田较传统的沤制还田省去了割、捆、运、铡、沤、翻、送、撒等多道工序，可以大大提高工作效率，减轻劳动强度，争抢农时，具有很好的社会效益和经济效益。

（二）工艺流程

秸秆机械混埋还田可分为水田秸秆机械混埋还田和旱地秸秆机械混埋还田，其中水田主要农作物有水稻、小麦、油菜等，旱田主要农作物有玉米、小麦、大豆等。

水稻—小麦（油菜）轮作秸秆还田技术：具体流程为收割机机收小麦（油菜）→秸秆粉碎+均匀抛撒→放水浸泡24小时→底施氮肥→机械旋耕埋草→施复混肥→平整土地→水稻种植（机插、摆栽、抛秧、人工插秧）；收割机机收水稻→秸秆切碎+均匀抛撒→施基肥→反转灭茬机旋埋秸秆（或普旋两次）→小麦机械条播或摆播（油菜机直播或机械移栽）→机械镇压→机械开沟。

玉米—小麦轮作秸秆还田技术：具体流程为玉米人工穗摘（或机械收获同步粉碎）→秸秆机械粉碎→撒施底肥和杀虫、杀菌剂→施耕两遍→圆盘播种机进行小麦机械条播→机械镇压→机械开沟；收割机机收小麦→秸秆粉碎+均匀抛撒→施底肥→玉米机械播种→镇压→机械开沟。

（三）技术要点

（1）作物收获时，采用安装有秸秆切碎装置的联合收割机，在进行收获作业的同时，同步进行秸秆切碎和抛撒，要求秸秆粉碎长度小于8厘米。若联合收割机上没有安装秸秆切碎装置，则需用秸秆粉碎机再次下地把收获后落于地面的秸秆切碎并抛撒开。

（2）秸秆灭茬时，采用大、中型旋耕机械进行整地作业，旋耕深度>12厘米。为使秸秆与肥、土混拌均匀，采用反转灭茬机作业一遍效果较好，或正转灭茬机旋耕两次，沿江高沙土地区可采用正转灭茬机进行作业。同时，精细整地，达到土碎地平，为作物播种或移栽创造条件。

（3）秸秆还田时间要适当，适度湿润且有良好的通气条件才能促进秸秆腐解。一般在农作物收割后应立即进行秸秆还田，避免秸秆水分损失致使不易腐解。如玉米在不影响产量的情况下，应及时摘穗，趁秸秆青绿、含水率30%以上时粉碎旋埋。秸秆腐解的土壤水分含量应掌握在田间持水量的60%时为适合，若土壤水分不足，应及时灌溉补水，以促进秸秆腐解，释放养分，供作物吸收。

（4）施肥。秸秆还田初期往往会发生微生物与农作物争夺速效养分，特别是氮肥的现象，使农作物黄苗不发，如玉米秸秆腐解所需的碳、氮、磷的比例为100∶4∶1左右。因此，要秸秆还田的同时应补施一定量的氮肥和磷肥，促进秸秆腐烂分解。一般每亩还田500千克秸秆时，需补施4.5千克纯氮和1.5千克纯磷。

（四）注意事项

由于轮作制度不同，应针对秸秆还田后出现的问题，选择适宜的机械，配套适宜不同作物种植的栽培技术，促进作物生长发育，达到高产、稳产的目标。

（1）玉米秸秆还田后使土壤中的作物纤维增加，为保证下茬小麦播种质量，应采用双圆盘开沟器播种机，其优点是靠圆盘刃滚切土块和残留在土壤浅层的秸秆，避免秸秆堵塞开沟器，而出现田间缺苗断垄的现象。玉米秸秆在土壤中腐解时需水量较大，因此要适时浇好封冻水，春季要适时早浇头水，促进秸秆腐解，防止与苗争水，保证作物正常发育。

（2）稻茬麦（油菜）播种方式应根据土壤墒情和整地质量进行选择，墒情适宜且整地质量好的地区可选用机条播，并适度加大行距；土壤墒情和整地质量较差的地方应大力推广机械匀摆播技术。同时在水稻秸秆大量还田后，也会造成土壤透风失墒严重、小麦（油菜）根系发育不良、冬春冻害死苗严重等现象。因此，秸秆混埋条件下小麦（油菜）播种后，采用麦田镇压器工作一次进一步压实土壤，可避免麦苗（油菜）架空和根部漏风状况，有利于增加出苗率和提高产量。机开沟应在土壤墒情适宜的条件下进行，土壤含水量过高，不利于沟泥匀散，且因机轮深陷毁坏田面，影响出苗。

（3）水田小麦秸秆均匀摊铺、施入基肥后，要及时放水泡田，浸泡时间以泡软秸秆、泡透耕作层为度。一般浸泡 12 小时秸秆软化，壤土田块浸泡 24 小时，黏土田块浸泡 36~48 小时。选用新型机械正旋埋草、带水旋耕，一方面有利于减轻机械负荷和动力消耗；另一方面也提高了旋耕埋草田面的平整度。作业时采取横竖两遍作业，同时严格控制水层，以田面高处见墩、低处有水，作业时不起浪为度，防止秸秆飘浮，影响压草整地效果。秧苗栽插方式可以选用抛秧、钵苗摆栽、手工栽插、机插秧等方式。秧苗返青后要干干湿湿，浅水勤灌，适时烤田，防止还原性有害物质过多积累而造成水稻僵苗不发。

（五）适宜区域

此项技术适宜于长江中下游一年两熟制的水稻—小麦轮作区、水稻—油菜轮作区，如江苏、安徽、湖北、四川、浙江、江西等部分地区；华北平原一年两熟制的小麦—玉米轮作区，如河南、河北、山东、山西等部分地区。

二、秸秆机械翻埋还田技术

（一）技术原理

秸秆机械翻埋还田技术就是用秸秆粉碎机将摘穗后的农作物秸秆就地粉碎，均匀抛撒在地表，随即翻耕入土，使之腐烂分解，有利于把秸秆的营养物质完全地保留在土壤里，增加土壤有机质含量、培肥地力、改良土壤结构，并减少病虫为害。小麦、玉米、大豆、水稻、棉花、油菜等作物秸秆均可以采用翻埋形式还田。

（二）工艺流程

（1）玉米秸秆翻压还田。主要有粉碎翻压和整株翻压两种方式。粉碎翻压主要技术流程为人工或机械收获玉米果穗→秸秆机械粉碎，均匀抛撒地面→施入底肥→机械耕翻20厘米以上→旋耕耙耱整地→扶桂→小麦机械化播种。一年一熟地区翌春播种前采取顶凌耙地，播后镇压等措施进行保墒，但不得二次深耕。整株翻压还田技术流程为玉米收获→撒施底化肥调节土壤碳氮比→机械深翻25厘米，将整株秸秆翻入土层→旋耕耙地→扶畦→小麦机械化播种+同步施种肥→播后镇压。

（2）稻、麦、油秸秆翻耕还田。联合收割机收获小麦（油菜）→秸秆粉碎（长度<10厘米），全量抛撒→撒施基肥→机械犁翻灭茬18~20厘米→施耕机碎土整地8~10厘米→放水→平整土地→沉浆搁地→水稻栽插。机收水稻→秸秆粉碎，均匀抛撒→撒施基肥→机械犁翻灭茬→施耕机碎土整地→小麦机械播种→镇压→开沟。

（3）水田稻草翻压还田。主要技术流程为早稻收获→秸秆切碎，匀铺地面→施入底肥→机械翻埋→旋耕耙平→晚稻栽插。高留稻桩还田，留桩高度以35厘米为宜，翻压后用踩滚镇压，将露出地面的稻茬压入泥中以利分解。晚稻收割→全部稻草与稻桩还田→泡水过冬→结合春耕施肥，把半腐熟的稻草耕翻压入田中→犁耙均匀→早稻栽秧。

（4）棉花、大豆秸秆翻压还田。主要技术流程为棉花收获（大豆脱粒）→秸秆粉碎机粉碎（或整秆直接犁翻）→施入底肥→犁翻 20 厘米以上→秋灌→翌春切地播种。

（三）技术要点

（1）翻埋技术。秸秆翻压深度能够影响作物苗期的生长情况。翻压深度小于 20 厘米时，会对下茬作物苗期生长不利。因此，需要选择适宜不同土壤类型的耕整机械，并配套大马力拖拉机。

（2）整地技术。秸秆翻埋后的整地质量是影响下茬作物生长的重要环节，采用翻耕结合旋耕耙平一遍，打碎根茬并实现秸秆与肥料、土壤混合，有利于下茬作物的播种出苗及生长发育。

（3）还田时间。尽量趁秸秆青枝绿叶时及时翻入田间，最好做到收割或摘穗后随即翻入鲜秆，并配施一定量的肥料，提高秸秆腐解速度。旱地秸秆还田还要适时补水，土壤含水量在 15%～20% 时秸秆分解速率最快。水田秸秆淹水后，因此要适当排水晾田，增加土壤的通透性，防止在厌氧还原的条件下产生甲烷、一氧化氮、硫化氢及还原性离子，对作物产生毒害作用。

（四）注意事项

（1）玉米秸秆翻压还田注意事项。一是由于大量秸秆还田，在肥料施用上要提高底肥中氮肥的数量；二是要根据当地气候状况浇好越冬水、冻水，因为大量秸秆还田影响小麦根系下扎或与土壤紧密接触，遇到冬季干旱或过冷容易发生冬害死苗现象；三是玉米秸秆铡碎耕翻还田，若用不带镇压轮的播种机，其后需要联结镇压器，实现播后镇压，有利于保墒和出苗；四是采用畦灌的地块播种时在小麦播种机上还需联结打埂作畦装置，打埂作畦装置呈倒八字形或人字形，可在播种同时筑出畦埂。

（2）稻草翻压移施栽晚稻注意要点。一是在稻草还田时，土壤微生物在分解过程出影响水稻的前期营养生长。因此，要结合翻耕深施，提高肥效，同时做到及早追施氮肥促进禾苗早发，使稻草还田的作用以充分发挥。二是稻草中所含的钾素是水溶性，要防止还田后钾素养分的流失。因此，在稻草翻压时，要掌握好稻田灌水的深度，一般早稻撩穗收割留高桩翻压灌水在 5 厘米左右，在移栽晚稻后，要采取勤灌浅灌的方法，尽可能不放水出田，这对防止钾素养分的流失有较好的效果。三是稻草还田后土壤还原性的调控。采用浅水勤灌、适时晒田的水分管理，在分蘖初期及盛期各耕田一次，增加土壤通透性，能有效防止还原性有毒物质过多的积累，保进根系发育，增强根系活力。

（3）绝大部分地区均可采用秸秆直接粉碎翻压还田，但一些水热条件较差、田块窄小、田面不平坦、机械化程度较低的地区不太适宜。

（五）适宜区域

东北农区（主要包括辽宁、吉林、黑龙江及内蒙古部分地区），种植制度多为一年一熟制，适宜于采用玉米、小麦、大豆秸秆粉碎翻压还田。华北农区（主要包括北京、天津、河北、河南、山东、山西及内蒙古小麦、玉米一年两熟制，以及山西、内蒙古、河北的部分一年一熟制地区）适宜于玉米秸粉碎翻压和整秆翻压还田。长江中下游农区（主要包括湖北、湖南、江西、江苏、安徽、浙江等地区），气候温暖湿润，种植制度多为一年两熟制，适宜采用稻、麦、油、棉秸秆翻耕还田。西北农区（主要是新疆），低温干旱少雨，种植制度多为一年一熟制，适宜采用棉花秸秆翻压还田。西南农区和华南农区（主要包括海南、广东、广西、福建、重庆、四川、云南、贵州等地区），气候温暖湿润，种植制度多为一年两熟制以及一年三熟制，宜采用水田秸秆翻压还田技术。

三、秸秆覆盖还田技术

(一) 技术原理

秸秆覆盖还田技术指在农作物收获前，套播下茬作物，将秸秆粉碎或整秆直接均匀覆盖在地表，或在作物收获秸秆覆盖后，进行下茬作物免耕直播的技术，或将收获的秸秆覆盖到其他田块。秸秆覆盖还田有利于减少土壤风蚀和水蚀、减缓土壤退化，同时能够起到调节地温、减少土壤水分的蒸发、抑制杂草生长、增加土壤有机质的作用，而且能够有效缓解茬口矛盾、节省劳力和能源、减少投入。覆盖还田一般分 5 种情况：套播作物，如小麦、水稻、油菜、棉花等，在前茬作物收获前将下茬作物撒播田间，作物收获时适当留高茬秸秆覆盖于地表；直播作物如小麦、玉米、豆类等，在播种后、出苗前，将秸秆均匀铺盖于耕地土壤表面；移栽作物如油菜、甘薯、瓜类等，先将秸秆覆盖于地表，然后移栽；夏播宽行作物如棉花等，最后一次中耕除草施肥后再覆盖秸秆；果树、茶桑等，将农作物秸秆取出，异地覆盖。

(二) 工艺流程

(1) 小麦秸秆全量覆盖还田种植玉米。分为套播和免耕直播两种方式：套播玉米主要技术流程为小麦播种 (每 3 行预留 30 厘米的套种行) →小麦收获前 7～10 天玉米套种→小麦收获→秸秆粉碎均匀抛撒覆盖→玉米田间管理。免耕直播主要技术流程为：收割机机收小麦→秸秆粉碎均匀抛撒覆盖→玉米免耕播种机播种玉米 (或人工穴播) →撒施种肥和除草剂→玉米田间管理。

(2) 水稻秸秆全量覆盖还田种植小麦。分为套播、免耕直播、零共生直播 3 种方式。套播小麦主要技术流程为水稻收获前 7～10 天套种小麦→水稻收获→秸秆粉碎均匀抛撒覆盖→撒施基肥→开沟覆土→小麦田间管理。免耕直播主要技术流程为收割机机收水稻→秸秆粉碎均匀抛撒覆盖→小麦免耕播种机播种小麦→撒施种肥和除草剂→小麦田间管理。零共生直播与套播相似，关键技术是采用加装小麦播种机的收割机收获水稻，主要技术流程为收割机机收水稻→加装的小麦播种机同步播种→秸秆粉碎均匀覆盖→基肥施用→开沟覆土→小麦田间管理。

（3）油菜免耕覆盖稻草栽培技术，主要分套播、直播和移栽 3 种技术。稻田套播油菜技术流程为水稻收获前 3～5 天，将油菜种子均匀撒在稻田中→机收水稻→秸秆粉碎覆盖还田→施入基肥→开沟覆土→田间管理。直播油菜技术流程为水稻机收→秸秆粉碎平铺还田→施入基肥和腐熟剂→开沟覆土→油菜直播→田间管理。移栽油菜主要技术流程为水稻机收→喷药除草→挖窝移栽油菜→稻草顺行覆盖行间。其中稻田套播较适宜于季节紧张前茬收获偏迟的田块，以及田地较烂，不适宜于机械播种的田块。

（4）小麦/油菜秸秆全量还田水稻免耕栽培技术。主要技术流程为在小麦/油菜收割前 7～15 天进行水稻撒种→机收小麦/油菜，留高茬 30 厘米→秸秆粉碎抛洒还田→施足底肥→及时上水→水稻种植。

（5）早稻稻草覆盖免耕移栽晚稻。主要技术流程为早稻齐田面收割→将新鲜早稻草均匀撒于田间→水淹禾茬→施入基肥→手插移栽（将晚稻秧苗直接插在 4 蔸早稻禾茬的中央）或抛秧→2～3 天后撒施化学除草剂。

（6）玉米秸秆覆盖还田。此法又可分为半耕整秆半覆盖、全耕整秆半覆盖、免耕整秆半覆盖、二元双覆盖、二元单覆盖等几种模式。半耕整秆半覆盖主要技术流程为人工收获玉米穗→割秆硬茬顺行覆盖（盖 70 厘米，留 70 厘米）→翌年早春在未覆盖行内施入底肥→机械翻耕→整平→在未覆盖行内紧靠秸秆两边种两行玉米。全耕整秆半覆盖主要技术流程为收获玉米→秸秆搂集至地边→机械翻耕土地→顺行铺整玉米秸（盖 70 厘米，留 70 厘米），翌年早春施入底肥→在未覆盖行内紧靠秸秆两边种两行玉米。免耕整秆半覆盖主要技术流程为玉米收获→秸秆顺垄割倒或压倒，均匀铺在地表形成全覆盖→翌年春播前按行距宽窄，将播种行内的秸秆搂（扒）到垄背上形成半覆盖→玉米种植。二元双覆盖主要技术流程为玉米收获→以 133 厘米为一带，整秆顺行铺放宽 66.5 厘米→翌春在剩下的 66.5 厘米空档地起垄盖地膜→膜上种两行玉米。二元单覆盖主要技术流程为玉米收获→在 133 厘米带内开沟铺秸秆→覆土越冬→翌年春季在铺埋秸秆的垄上覆盖地膜→膜上种两行玉米。

（三）技术要点

（1）小麦秸秆全量覆盖还田种植玉米技术要点。一是小麦机械化播种技术，采用"三密一稀"或"四八对垄"等方式，以便于玉米行间套种。二是玉米套种技术，一般采用人工点播器播种在麦行间套播玉米。这一方面杜绝了小麦秸秆田间焚烧的可能性；另一方面解决了大量麦秸还田后的玉米播种难题，套种可为玉米多争取 7 天左右的生长期，麦收时玉米苗高度不足 2 厘米，只有 2~3 片叶，不怕机械碾压。三是小麦联合收割技术，采用联合收割机收获，配以秸秆粉碎及抛洒装置，实现小麦秸秆的全量还田，这是小麦秸秆全量还田的基本作业环节。

（2）水稻秸秆全量覆盖还田种植小麦技术要点。一是水稻收获技术，选择洋马、久保田等带秸秆切碎的收割机，使秸秆同步均匀抛撒于田面。二是小麦播种技术，在水稻收获前 7 天采用机械将小麦均匀抛撒于田间，或采用安装了播种装置的收割机，集成水稻收割、小麦播种、碎草匀铺同步进行，并实现小麦的半精量播种和扩幅条播。三是及时开沟，在田间以 2~2.5 米为距进行机械开沟，土壤向两侧均匀抛撒覆盖于稻草上，既有利于改善小麦苗期光照条件，提高抗冻能力，又有利于防止小麦后期倒伏。

（3）油菜/小麦秸秆覆盖水稻种植技术技术要点。一是水稻种植技术，药剂浸种 48 小时，使种子吸足水分。油菜/小麦收获前 7~15 天，将稻种均匀撒播于田间，田头、地角适量增加播种量，提高出苗均匀度，播后用绳拉动植株，使稻种全部落地。二是油菜/小麦机械收获技术，留高茬 30 厘米左右，自然竖立田间，其余麦（油菜）秸秆就近撒开或埋沟，任其自然腐解还田。

（4）低割早稻禾茬法免耕栽培晚稻技术要点。一是早稻收获技术，对禾茬尽量往下低割，一般只留禾茬高 2 厘米为宜，有利于抑制早稻再生分蘖能力，同时将秸秆粉碎均匀铺撒田间。二是水淹禾茬技术，切断氧气，使禾茬迅速分解腐烂失去再生能力，是晚稻低割免耕栽培技术的关键所在。要求低割后 12 小时以内灌水，水层要全面淹过所有禾茬，时间要持续 3~4 天。三是晚稻移栽技术，栽种时将秧苗从早稻禾茬行间插下。

（5）玉米秸秆覆盖还田技术要点。主要是要注意覆盖或沟埋行与空行的宽度，可根据各地种植习惯和秸秆覆盖（沟埋）量适当调整，但要与耕作机械配套，以便于机械化作业。其次是玉米整秆覆盖田苗期地温低、生长缓慢，第一次中耕要早、要深，在 4~5 叶期进行，深度为 10~15 厘米，以利于提高地温。

第三节　农作物秸秆间接还田技术

秸秆间接还田（高温堆肥）是一种传统的积肥方式，它是利用夏秋季高温季节，采用厌氧发酵沤制而成，其特点是积肥时间长、受环境影响大、劳动强度高、产出量少、成本低廉。而常见的秸秆间接还田的方法有以下几点。

一、堆沤腐解还田

秸秆堆肥还田还是我国当前有机肥源短缺的主要途径，也是中低产田改良土壤、提高培肥地力的一项重要措施。它不同于传统堆置沤肥还田，主要是利用快速堆腐剂产生大量纤维素酶，在较短的时间内将各种作为秸秆堆制成有机肥。现阶段的堆沤腐解还田技术大多采用在高温、密闭、嫌气性条件下腐解秸秆，能够减轻田间病、虫、杂草等为害，但在实际操作技术较高，所以给农户带来一定困难，难以大范围推广。

二、烧灰还田

这种还田方式主要有两种方式：一是作为燃料燃烧，这是国内农户传统的做法；二是在田间直接焚烧。田间焚烧不但污染空气、浪费能源、影响飞机升降与公路交通，而且会损失大量有机质和氮素，保留在灰烬中的磷、钾也易流失，因此这是一种不可取的方法。

三、过腹还田

过腹还田是一种效益很高的秸秆利用方式，在我国有悠久历史。秸秆经青贮、氨化、微贮处理，饲喂畜禽，通过发展畜牧增智增收，同时达到秸秆过腹还田。实践证明，充分利用秸秆养畜、过腹还田、实行农牧结合，形成节粮型牧业结构，是一条符合我国国情的畜牧业发展道路。每头牛育肥约需秸秆1吨，可生产粪肥约10吨，牛粪肥田，形成完整的秸秆利用良性循环系统，同时增加农民收入。秸秆氨化养羊，蔬菜、藤蔓类秸秆直接喂猪，猪粪经过发酵后喂鱼或直接还田。

四、菇渣还田

利用作物秸秆培育食用菌，然后在经菇渣还田，经济效益、社会效益、生态效益三者兼得。在蘑菇栽培汇总，以111平方米计算，培养料需要优质麦草900千克、优质稻草900千克；菇棚盖草又需600千克，育菇结束后，约产生菇渣1.66吨。据测定，菇渣有机质含量达到11.09%，每公顷施用30立方米菇渣，与施用等量的化肥相比，一般可增产稻麦10.2%~12.5%，增产皮棉10%~20%，不仅节省成本，同时对减少化肥污染、保护农田生态环境也有重要意义。

五、沼渣还田

秸秆发酵后产生的沼渣、沼液是优质的有机肥料，其养分丰富，腐殖酸含量高，肥效缓速兼备，是生产无公害农产品、有机食品的良好选择。一口8~10立方米的沼气池可年产沼肥20立方米，连年沼渣还田的实验表明，土壤容重下降，空隙度增加，土壤的理化性状得到改善，保水保肥能力增强。同时，土壤中有机质含量提高0.2%，全氮提高0.02%，全磷提高0.03%，平均提高产量10%~12.8%。

第四节　农作物秸秆腐熟还田技术

一、技术原理

添加腐熟剂秸秆还田技术是通过接种外源有机物料腐解微

生物菌剂（简称为腐熟剂），充分利用腐熟剂中大量木质纤维素降解菌，快速降解秸秆木质纤维物质，最终在适宜的营养、温度、湿度、通气量和 pH 值条件下，将秸秆分解矿化成为简单的有机质、腐殖质以及矿物养分。它包括两种方法：一种是在秸秆直接还田时接种有机物料腐解微生物菌剂，促进还田秸秆快速腐解；另一种是将秸秆堆积或堆沤在田头路旁，接种有机物料腐解微生物菌剂，待秸秆基本腐熟（腐烂）后再还田。添加秸秆腐熟剂加快秸秆分解，可减少因大量秸秆还田给后续耕作播种或移栽等作业带来的困难，同时也可以减轻对后茬作物生长的不利影响，是秸秆全量还田的一项关键技术。它对增加土壤养分，改善土壤理化性状，降低化肥施用量，减少农田面源污染，保护生态环境，均具有重要意义。

二、工艺流程

1. 添加腐熟剂秸秆直接还田技术

作物收获时用收割机自带的粉碎装置粉碎秸秆（长度 3~5 厘米为宜）并均匀抛撒分布于田间→施底肥（尤其是氮肥）→施秸秆腐熟剂（粉剂通过人工洒施，水剂通过人工或机械喷施）→田间浇水（旱地）或泡田（水田）→机械旋耕（翻耕）填埋秸秆→种植下茬作物，或将液体腐熟剂喷洒装置安装或固定在带秸秆粉碎抛撒功能的联合收割机尾部机身上，收割机作业同时，将腐熟剂直接接种到粉碎的秸秆上→施肥→泡水或田间浇水→机械旋耕（翻耕）翻埋秸秆→整地播种或移栽秧苗。

2. 秸秆接种腐熟剂堆腐还田技术

将秸秆在田头进行堆积（每 15~20 厘米厚为一层）→逐层撒施腐熟剂、尿素或粪便→洒水使秸秆料堆含水率达 60% 左右→堆高和堆宽达 2 米左右时封堆（薄膜或泥土进行封堆）→

封堆后夏季 15~30 天、冬季 60~90 天可基本完成堆腐。

三、技术要点

1. 有效菌种的筛选及菌剂的生产

秸秆的降解是多种酶系协同作用的结果，单菌种由于不能分泌全部的降解酶系，很难达到对秸秆的完全降解；多种菌种组合通过增加微生物的种类，利用它们之间的协调和互补作用，可以实现秸秆腐解剂降解作用的高效稳定。

一般复合菌剂的构建方法是通过分离纯化及驯化，得到多种秸秆降解能力较强的自然单菌株，再确定最佳生产工艺，然后根据需要挑选这些单菌株进行有效组配，以秸秆为唯一碳源进行限制性继代培养，得到秸秆降解率最高的菌种组合，或直接筛选木质纤维降解复合微生物菌株。在菌种筛选与腐熟剂产品制备时，要考虑秸秆直接还田与堆腐所处的环境条件不同，所筛选的有机物料腐熟菌种类要各有侧重，如用于秸秆直接还田的微生物降解菌应以常温菌为主，用于田头路旁堆腐所用的菌种，应高温菌与常温菌结合。

2. 提高秸秆破碎程度

秸秆破碎程度影响腐熟剂施用后秸秆的降解进程，一方面，破碎程度较高的秸秆可以使得秸秆的部分细胞壁破损，破坏纤维素原有的坚韧结构，从而有利于秸秆的降解；另一方面，秸秆粉碎，增加了秸秆的暴露面积，使得腐熟剂中的降解菌和秸秆接触机会增多，促进腐熟剂中的微生物定殖，继而发挥降解作用。无论秸秆直接还田还是堆腐还田，增加破碎程度均有利于加快秸秆的腐殖化进程，一般稻麦油秸秆破碎长度应低于 10 厘米，玉米秸秆应粉碎使其长度小于 5 厘米。

3. 控制堆腐秸秆 pH 值

pH 值是影响微生物生长繁殖的重要影响因素，适宜的 pH 值可使微生物有效地发挥作用，大多微生物活动的最佳 pH 值范围为 5.5～7.5，而真菌的最佳适应 pH 值范围为 5.5～8.5。pH 值除了对微生物的生长有影响外，还通过影响微生物的产酶特性和酶活进而对秸秆的分解利用产生影响。秸秆还田田块过酸或过碱均不利于秸秆腐解。在秸秆堆腐时可增加适量的碱性物质如石灰等调节堆料的 pH 值。

4. 选择合适的水分

水分是影响秸秆腐熟过程的一个重要因素，水分过少会影响微生物的生命活动，一般认为低于 40% 的水分含量就不能满足微生物正常生长繁殖的需要，进而会影响微生物对秸秆等有机物的利用。如果水分低于 10%，微生物的代谢活动就几乎处于停滞状态，但是水分过多，会降低通风供氧的效果，氧传递受阻，影响微生物的生长活动。总之，土壤中的水分过多或过少都不利于秸秆的分解，一般认为土壤含水量在田间持水量的 60%～70% 时，较适合于秸秆的分解，同时堆腐时保持堆料的含量率在 60%～70%，也有利于秸秆堆腐进程。

5. 调控温度

温度是秸秆腐熟过程中影响微生物活动的重要参数，所有微生物都有各自不同的最适和受抑的生长温度、产酶温度以及酶活最佳温度。温度过低，微生物代谢水平低，对有机物的利用水平也低，从而导致对有机物的腐解速度慢；温度过高，也会产生抑制作用，一般认为，温度达到 70℃ 后，微生物呈钝化状态，有机物分解速度大大下降。秸秆还田后，一般田间温度会在 7～37℃ 范围内，秸秆的分解速度随温度升高而加快，一般温度在20~30℃时微生物对秸秆分解速度最快，小于10℃时分解能力较弱，高于50℃则基本停止对秸秆的分解。因此，在应用腐熟剂时，要根据天气情况，避免过低和过高温度时期，根据外界温度选择合理的使用时间；而在秸秆堆腐时要有效控制秸秆堆体的温度，如温度过低则需采取保温措施，如果温度过高则需翻堆或洒水予以降温。

6. 调控合适的碳氮比

秸秆腐熟的最终效果取决于微生物的代谢生长水平，而微生物在代谢过程受营养物质碳源和氮源的影响。微生物细胞通常的碳氮比为（8~12）：1，微生物由于生长需要，利用大量碳源的同时需要相应的氮源来配合，会吸收土壤中的速效氮素，与农作物争夺氮素，使幼苗发黄，生长缓慢，不利于培育壮苗。农作物秸秆碳氮比较高，玉米秸秆为53：1，小麦秸秆则达到87：1。过高的碳氮比在秸秆腐解过程中会出现反硝化作用，一般秸秆直接还田后，适宜秸秆腐解的碳氮比为（20~30）：1，需要通过尿素等氮肥的施用来调节C/N，C/N值小的秸秆相对容易分解，前期分解启动快。对于稻麦油秸秆全量还田时，在原来施肥量基础上，每亩应额外增加3~5千克尿素，或将后期施氮量前移。

7. 因腐熟剂剂型采用不同施用方法

腐熟剂如果为水剂，则可在灌溉时进行勾兑直接进入农田，也可以通过专用喷洒车或人工喷雾器喷淋到秸秆上后再翻埋秸秆；腐熟剂若为粉剂或颗粒态，最好把腐熟剂对在水中喷洒在秸秆上，也可以将腐熟剂直接均匀撒散在秸秆上，然后把腐熟剂和秸秆混拌均匀后施入农田。腐熟剂用于秸秆堆腐时，无论何种剂型，则均需与秸秆混合均匀或分层施用。

第四章 秸秆饲料化利用技术

第一节 秸秆饲料化利用简介

要把秸秆饲料化作为发展畜牧业的重要环节，重点发展秸秆青贮、氨化、微贮，大力推进秸秆饲料深加工和高效利用，促进畜牧业的发展。利用化学、微生物学原理，使富含木质素、纤维素、半纤维素的秸秆降解转化为含有丰富菌体蛋白、维生素等成分的生物蛋白饲料。当前，秸秆饲料加工中应用较多的是秸秆青贮、氨化、碱化—发酵双重处理、膨化饲料、热喷（在热喷装置中用饱和水蒸气喷射秸秆）、微生物发酵贮存及生产单细胞蛋白技术，其中，碱化—发酵双重处理和热喷技术是目前较理想的技术。秸秆经热喷后，消化率可提高到50%，利用率可提高2~3倍。新型的秸秆块状饲料是采用先进的冷压成型技术，用饲料压块机生产的全新饲料。

针对当前作物耕作制度，要大力发展秸秆青贮、氨化和微贮技术，把种植业产业链延伸到畜牧养殖业，在产业链延伸中增加秸秆综合利用的经济效益。推广揉搓丝化技术和玉米活秆成熟技术，扩大养殖业青饲料的来源，积极开展秸秆揉搓揉丝接卸的引进、研发和示范。近期建立秸秆饲料生产示范点，扶持发展一批秸秆饲料出口加工企业，促进秸秆饲料生产的产业化开发。

第二节　秸秆青储技术

生物处理的实质主要是借助微生物（以乳酸菌为主）的作用，在厌氧状态下发酵，此过程既可以抑制或杀死各种微生物，又可以降解可溶性碳水化合物而产生醇香味，提高饲料的适口性。目前，主要有青贮和微贮两种方法。

青贮是一个复杂的微生物群落动态演变的生化过程，其实质就是在厌氧条件下，利用秸秆本身所含有的乳酸菌等有益菌将饲料中的糖类物质分解产生乳酸，当酸度达到一定程度（pH值为3.8～4.2）后，抑制或杀死其他各种有害微生物，如腐败菌、霉菌等，从而达到长期保存饲料的目的。青贮可分为普通常规青贮和半干青贮。半干青贮的特点是干物质含量比一般青贮饲料多，且发酵过程中微生物活动较弱，原料营养损失少，因此，半干青贮的质量比一般青贮要好。

青贮适用于有一定含糖量的秸秆（如玉米秸秆、高粱秸秆等）。

一、青贮设施的准备

青贮设施有青贮池、青贮塔、青贮袋等，目前以青贮池最为常用。青贮池有圆形、长方形、地上、地下、半地下等多种形式。长方形青贮池的四角必须做成圆弧形，便于青贮料下沉，排出残留气体。地下、半地下式青贮池内壁要有一定斜度，口大底小，以防止池壁倒塌，地下水位埋深较小的地方，青贮池底壁夹层要使用塑料薄膜，以防水、防渗。

青贮饲料前，对现有青贮设施要做好检修、清理和加固工作。新建青贮池应建在地势高、干燥、土质坚硬、地下水位低、靠近畜舍、远离水源和粪坑的地方，要坚固牢实，不透气，不漏水。内部要光滑平坦，上宽下窄，底部必须高出地下水位500厘米以上，以防地下水渗入。青贮池的容积以家畜饲养规模来确定，每立方米能青贮玉米秸秆550~600千克，一般每头牛一年需青贮饲料6~10吨。

二、制作优质玉米青贮饲料的条件

收割期的选择：玉米全株（带穗）青贮营养价值最高，应在玉米生长至乳熟期和蜡熟期收贮（即在玉米收割前15~20天）；玉米秸秆青贮要在玉米成熟后，立刻收割秸秆，以保证有较多的绿叶。收割时间过晚，露天堆放将造成含糖量下降、水分损失、秸秆腐烂，最终造成青贮料质量和青贮成功率下降。

1. 水分

玉米青贮饲料中应含有一定量的水分，比较适宜的水分含量应在65%~75%。

2. 糖

糖是玉米青贮饲料的主要营养成分，一般要求玉米青贮含糖量不得低于2%，而玉米带穗青贮时含糖量一般在4%以上，基本可以满足需要。

3. 氧气

能否提供厌氧环境是青贮能否成功的关键。在厌氧条件下，乳酸菌才能大量繁殖。

三、玉米青贮饲料制作要点

在青贮过程中，要连续进行，一次完成。青贮设备最好在当天装满后再封严，中间不能停顿，以避免青贮原料营养损失

农作物秸秆与畜禽粪污资源化综合利用技术

或腐败，导致青贮失败。概括起来就是要做到"六快"，即做到快割、快运、快切、快装、快压、快封。

四、贮后管理

距青贮池 100 厘米四周挖好排水沟，防止雨水渗入池内。

贮后 5~6 天进入乳酸发酵阶段，青贮料脱水，软化，当封口出现塌裂、塌陷时，应及时进行培补，以防漏水漏气。

要防牲畜践踏并做好防鼠工作，保证青贮质量。

五、青贮饲料的饲喂

青贮饲料经过 45 天左右的发酵，即可开窖饲喂。青贮饲料品质评定。上等：黄绿色、绿色，酸味浓，有芳香味，柔软稍湿润。中等：黄褐色、黑绿色，酸味中等或较少，芳香、稍有酒精味，柔软稍干。下等：黑色、褐色，酸味很少，有臭味、干燥松散或黏软成块。不宜饲喂，以防中毒。取用时，应从上到下或从一头开始，每次取量，应以当天喂完为宜。取料后，必须用塑料薄膜将窖口封严，以免透气而引起变质。饲喂时，应先喂干草料，再喂青贮料。青贮玉米有机酸含量较大，有轻泻作用，母畜怀孕后不宜多喂，以防造成流产，产前 15 天停止。牲畜改换饲喂青贮饲料时应由少到多逐渐增加，停喂青贮饲料时应由多到少，使牲畜逐渐适应。

第三节　微储技术

饲料微生物处理又叫微贮，是近年来推广的一种秸秆处理方法。微贮与青贮的原理非常相似，只是在发酵前通过添加一定量的微生物添加剂如秸秆发酵活干菌、白腐真菌、酵母菌等，然后利用这些微生物对秸秆进行分解利用，使秸秆软化，将其中的纤维素、半纤维素以及木质素等有机碳水化合物转化为糖类，最后发酵成为乳酸和其他一些挥发性脂肪酸，从而提高瘤胃微生物对秸秆的利用。

秸秆微贮选用干秸秆和无毒的干草植物，室外气温 10～40℃时制作。

秸秆微贮就是把农作物秸秆加入微生物高效活性菌种——枣秸秆发酵活干菌，放入一定的密封容器（如水泥地、土窖、缸、塑料袋等）中或地面发酵，经一定的发酵过程，使农作物秸秆变成带有酸、香、酒味，家畜喜爱的饲料。因为它是通过微生物使贮藏中的饲料进行发酵，故称微贮，其饲料叫微贮饲料。

微贮的制作方法是：在处理前先将菌种倒入水中，充分溶解，也可在水中先加糖，溶解后，再加入活干菌，以提高复活率。然后在常温下放置 1～2 小时，使菌种复活（配制好的菌剂要当天用完）。将复活好的菌剂倒入充分溶解的 1% 食盐水中拌匀，食盐水及菌液量根据秸秆的种类而定。1 吨青玉米秸秆、玉米秸秆、稻或麦秸加一定量的活干菌、食盐、水，不同的菌剂有不同的加料要求。

秸秆切短同常规青贮。将切短的秸秆铺在窖底，厚 20～25 厘米，均匀喷洒菌液，压实后，再铺 20～25 厘米秸秆，再喷洒菌液、压实，直到高于窖口 40 厘米，在最上面一层均匀撒上食盐粉，再压实后盖上塑料薄膜封口。食盐的用量为每平方米 250 克，其目的是确保微贮饲料上部不发生霉坏变质。盖上塑料薄膜后，在上面撒 20～30 厘米厚的秸秆，覆土 15～20 厘米，密封。秸秆微贮后，窖池内贮料会慢慢下沉，应及时加盖使之高出地面，并在周围挖好排水沟，以防雨水渗入。开窖同常规青贮。

在微贮麦秸和稻秸时应加 5% 的玉米粉、麸皮或大麦粉，以提高微贮料的质量。加大麦粉或玉米粉、麸皮时，铺一层秸秆撒一层粉，再喷洒一次菌液。在喷洒和压实过程中，要随时检查秸秆的含水量是否合适、均匀。特别要注意层与层之间水分的衔接，不要出现夹干层。

含水量的检查方法是：抓取秸秆试样，用双手扭拧，若有水往下滴，其含水量约为 80%；若无水滴、松开后看到手上水分很明显，约为 60%，微贮饲料含水量在 60%~65% 最为理想。喷洒设备宜简便实用，小型水泵、背式喷雾器均可。

第四节　秸秆碱化处理技术

一、技术原理

碱化处理技术就是在一定浓度的碱液（通常占秸秆干物质的 3%~5%）的作用下，打破粗纤维中纤维素、半纤维素、木质素之间的醚键或酯键，并溶去大部分木质素和硅酸盐，从而提高秸秆饲料的营养价值。

二、碱化技术分类

碱化处理技术目前主要有氢氧化钠碱化法、生石灰碱化法和加糖碱化法三种。

（一）氢氧化钠碱化法

1. 湿法处理法

将秸秆浸泡在 1.5% 氢氧化钠溶液中，每 100 千克秸秆需要 1 000 千克碱溶液，浸泡 24~48 小时后，捞出秸秆，淋去多余的碱液（碱液仍可重复使用，但需不断增加氢氧化钠，以保持碱液浓度），再用清水反复清洗。这种方法的优点是可提高饲料消化率25%以上，缺点是在清水冲洗过程中有机物及其他营养物质损失较多，污水量大，目前较少采用。

2. 干法处理法

用4%~5%（占秸秆风干重）的氢氧化钠配制成浓度为30%~40%的碱溶液，喷洒在粉碎的秸秆上，堆积数日后不经冲洗直接饲喂反刍家畜，秸秆消化率可提高12%~20%。此方法的优点是不需用清水冲洗，可减少有机物的损失和环境污染，并便于机械化生产。但牲畜长期喂用这种碱化饲料，其粪便中的钠离子增多，若用作肥料，长期使用会使土壤碱化。

3. 快速处理法

将秸秆铡成2~3厘米的短草，每千克秸秆喷洒5%的氢氧化钠溶液1千克，搅拌均匀，经24小时后即可喂用。处理后的秸秆呈潮湿状，鲜黄色，有碱味。牲畜喜食，比未处理的秸秆采食量增加10%~20%。

4. 堆放发热处理法

使用25%~45%的氢氧化钠溶液，均匀喷洒在铡碎的秸秆上，每吨秸秆喷洒30~50千克碱液，充分搅拌混合后，立即把潮润的秸秆堆积起来，每堆3~4吨。堆放后秸秆堆内温度可上升到80~90℃，温度在第3天达到高峰，以后逐渐下降，到第15天恢复到环境温度。由于发热的结果，水分被蒸发，使秸秆的含水量达到适宜保存的水平，即秸秆含水量低于17%。

5. 封贮处理法

用25%~45%的氢氧化钠溶液，每吨秸秆需60~120千克碱液，均匀喷洒后可保存1年。此法适于收获时尚绿或收获时下雨的湿秸秆。

6. 混合处理法

原料含水量 65%～75% 的高水分秸秆，整株平铺在水泥地面上，每层厚度 15～20 厘米，用喷雾器喷洒 1.5%～2% 的氢氧化钠和 1.5%～2.0% 的生石灰混合液，分层喷洒并压实。每吨秸秆需喷 0.8～1.2 吨混合液。经 7～8 天后，秸秆内温度达到 50～55℃，秸秆呈淡绿色，并有新鲜的青贮味道。处理后的秸秆粗纤维消化率可由 40% 提高到 70%。或将切碎的秸秆压成捆，浸泡在 1.5% 的氢氧化钠溶液里，经浸渍 30～60 分钟捞出，放置 3～4 天后进行熟化，即可直接饲喂牲畜，有机物消化率提高 20%～25%。

（二）生石灰碱化法

生石灰碱化法是把秸秆铡短或粉碎，按每百千克秸秆 2～3 千克生石灰或 4～5 千克石灰膏的用量，将生石灰或石灰膏溶于 100～120 千克水制成石灰溶液，并添加 1～1.5 千克食盐，沉淀除渣后再将石灰水均匀泼洒搅拌到秸秆中，然后堆起熟化 1～2 天即可。

注意：冬季熟化的秸秆要堆放在比较暖和的地方盖好，以防止发生冰冻。夏季要堆放在阴凉处，预防发热。

另外，也可把石灰配成 6% 的悬浊液，每千克秸秆用 12 升石灰水浸泡 3～4 天，浸后不用水洗便可饲喂。若把浸好的秸秆捞出控掉石灰水踩实封存起来，过一段时间再用将会更好。据有关测定，该方法的优点是成本低廉、原料广泛，可以就地取材，但豆科秸秆及藤蔓类等饲草均不宜碱化。碱化饲料，特别是像小麦秸秆、稻草、玉米秸秆等一类的低质秸秆，经过碱化处理后，有机物质的消化率由原来的 42.4% 提高到 62.8%，粗纤维的消化率由原来的 53.5% 提高到 76.4%，无氮浸出物的消化率由原来的 36.3% 提高到 55.0%。适口性大为改善，其采食的数量也显著增加（20%~45%）。同时，若用石灰处理，还可增加饲料的钙质。

（三）加糖碱化法

加糖碱化法就是在秸秆等材料碱化的基础上进行糖化处理。加糖碱化秸秆适口性好，有酸甜酒香味，牛、马、骡、猪均喜欢吃，且保存期长，营养成分好，粗脂肪、粗蛋白质、钙、磷含量均高于原秸秆。加糖碱化秸秆收益高，简单易行。加糖碱化法的工艺流程如下。

1. 材料准备

（1）双联池或大水缸。双联池一般深 0.9 米、宽 0.8 米、长 2 米，中间隔开，即成 2 个池（用砖、水泥，用水泥把面抹光），单池可容干秸秆 108 千克。池建在地下、半地下或地面上均可。

（2）秸秆粉。干秸秆抖去沙土，粉碎成长 0.5~0.7 厘米。秸秆可用玉米秸、麦秸、稻草、花生壳和干苜蓿等。

（3）石灰乳。将生、鲜石灰淋水熟化制成石灰乳（即氢氧化钙微粒在水中形成的悬浮液）。石灰要用新鲜的生石灰。石灰与水作用后生成氢氧化钙，氢氧化钙容易与空气中的二氧化碳化合，生成碳酸钙。碳酸钙是无用的物质，因此不能用在空气中熟化的或熟化后长期放置空气中的石灰。

（4）玉米面液。玉米面用开水熟化后，加入适量清水制成玉米面液。玉米面熟化要用开水，以便玉米面中的糖分充分分解。

（5）器具。脸盆、马勺、塑料布和铁铲。

（6）用料比例。秸秆、石灰、食盐、玉米面、水的比例为100∶3∶0.5∶3∶270。

2. 加工处理

将石灰、食盐、玉米面按上述比例组成混合液喷淋在秸秆粉上，边淋边搅拌，翻2次后停10分钟左右，等秸秆将水吸收后再继续喷淋、搅拌，这样反复经过2~3次，所用混合水量全部吸收后，秸秆还原成透湿秸秆，用手轻捏有水点滴下为止。

3. 入池或缸贮存

将处理好的秸秆加入池或缸内，边入池边压实，池边、池角部分可用木棒镇压，越实越好。此时上层出现渗出的少量水。秸秆应层层铺设直至装满，也可超出一点小顶帽。后用塑料布覆盖封口，上压沙土为0.4~0.5米厚。池缸封口后，夏季4~7天、冬季10~15天便可开口饲喂。

第五节　秸秆氨化技术

氨化处理技术，就是在密闭条件下，在秸秆中加入一定比例的氨水、无水氨、尿素等，破坏木质素与纤维素之间的联系，促使木质素与纤维素、半纤维素分离，使纤维素及半纤维素部分分解、细胞膨胀、结构疏松，从而提高秸秆的消化率、营养价值和适口性。氨化技术适用于干秸秆，用液氨处理秸秆时，秸秆含水量以30%为宜。

氨化处理秸秆饲料的氨源有很多，各种氨源的用量和处理方法也不相同，其处理结果因秸秆种类而异。经氨化处理后，秸秆的粗蛋白含量可从3%~4%提高到8%，家畜的采食量可提高20%~40%。

常用的处理方法有堆垛法、池氨化法、塑料袋氨化法和炉氨化法等，它们共同的技术要点是：将秸秆饲料切成2~3厘米长的小段（堆垛法除外），以密闭的塑料薄膜或氨化窖等为容器，以液氨、氨水、尿素、碳酸氢铵中的任何一种氮化合物为氮源，使用占风干秸秆饲料重 2%~3% 的氨，使秸秆的含水量达到 20%~30%，在外界温度为 20~30℃ 的条件下处理 7~14 天，外界温度为 0~10℃ 时处理 28~56 天，外界温度为 10~20℃ 时处理 14~28 天，30℃ 以上时处理 1~5 天，使秸秆饲料变软变香。

一、堆垛法

1. 堆垛

选择背风、向阳、地势高燥、平整的地方铺上一块无毒的聚乙烯薄膜，有条件的最好建立永久性水泥场以节省塑料薄膜，然后秸秆堆成垛。秸秆堆垛分两种形式，一种是打捆草垛，另一种是散草垛。打捆草垛较散草垛更好些。在堆垛以前，对一些粗硬的秸秆最好切碎，这样既便于饲喂，也减少氨化膜和秸秆刺破塑料薄膜的危险。

2. 水分调节

收获后的风干秸秆含水量，一般在 12%~15%，而液氨氨化最适易水分含量不应低于 20%，因此，在堆垛过程中要少施一些水，将秸秆含水量调整到 20%以上。

3. 密封

这是决定氨化效果好坏的关键措施之一。垛好后用无毒聚乙烯塑料薄膜盖严，四周边缘要与底部垫底的塑料薄膜相重合，然后用沙袋或泥土压紧踏实。

4. 注氨

在距地面 0.5 米处插入氨枪达垛的中心，缓慢地拧开氨瓶的下阀门，注入相当于秸秆干物质重量 3% 的液氨，立即关闭氨瓶阀门，待 4~5 分钟后拔出氨枪，最后用胶纸把罩膜的注氨孔

农作物秸秆与畜禽粪污资源化综合利用技术

封好，或用绳子将氨孔扎紧。垛堆过大时，注氨可分 4 次在四个不同方向进行，但要注意均匀。

5. 塑料薄膜的选用

塑料薄膜要求无毒，抗老化和气密性好。有一种专门用于秸秆氨化的聚乙烯氨化膜，已投入生产，并已推广使用。农户根据自己的需要选用。所需薄膜多少，可据垛的大小进行计算：

底膜尺寸：长＝垛长＋（0.5～0.7）米（余边）

宽＝垛宽＋（0.5～0.7）米

罩膜尺寸：长＝垛长＋高×2＋（0.5～0.7）米

宽＝垛宽＋高×2＋（0.5～0.7）米

二、池法

多以尿素为氨源。

1. 砌池

池的大小根据饲养家畜的种类和数量而定，一般每立方米池装切碎的风干秸秆（麦秸、稻秸、玉米秸）150 千克左右，一头 200 千克的牛，年需氨化秸秆 1.5～2 吨，池的形式有多种多样，有地上池、地下池还有半地下池。使用较多的是双联池，即在池的中间砌一隔墙可轮换处理秸秆。

2. 备料

先将玉米秸切成 3～5 厘米长，麦秸和稻草无须切碎，用一固定的装池器，如草筐、称量秸秆、再算出秸秆的总重量。

3. 溶解尿素

先按每 100 千克风干秸秆用 5 千克尿素的比例，称出所需尿素的重量，然后溶解在相当秸秆总重量 60% 的水中充分溶解，搅匀待用。

4. 装池

一种方法是干池前先将已溶解好的尿素溶液均匀地喷在摊开的秸秆上，然后装池；另一种办法是向池中一层一层的装入秸秆，层层喷洒尿素溶液，但不论采用哪种办法，都必须边装边踩实。一般要装得高出地面 40 厘米以上。

5. 密封

池子装满踩实后，用塑料膜覆盖严密，上面覆土，四周边缘用土封严踏实。

第六节 秸秆揉搓加工技术

一、技术原理

与传统的秸秆青贮技术不同，秸秆揉搓加工技术是将收获成熟玉米果穗后的玉米秸秆，用挤丝揉搓机械将硬质秸秆纵向铡切破皮、破节、揉搓拉丝后，加入专用的微生物制剂或尿素、食盐等多种营养调制剂，经密封发酵后形成质地柔软、适口性好、营养丰富的优质饲草的技术。可用打捆机压缩打捆后装入黑色塑料袋内贮存。经过加工的饲草含有丰富的维生素、蛋白质、脂肪、纤维素，气味酸甜芳香，适口性好，消化率高，可供四季饲喂，可保存 1~3 年，同时由于采用小包装，避免了取饲损失，便于贮藏和运输及商品化。

秸秆揉搓加工能够极大地改善和提高玉米秸秆的利用价值、饲喂质量，降低了饲养成本，显著提高了畜牧业的经济效益，有力地推动和促进畜牧业向规模化、集约化和商品化方向发展。此外，秸秆揉搓加工能够改善养殖基地和小区饲草料的贮存环境，可有效地提高农村养殖基地的环境水平。

据测算，玉米种植农户仅卖秸秆每亩可增收50元左右；加工1吨成品饲草的成本为100~130元，以当前乳业公司青贮窖玉米饲料销售价240元/吨计算，可获利110元/吨以上，经济效益十分显著。需要注意的是：秸秆揉搓加工技术适用于秸秆产量大、可为外地提供大量备用秸秆原料的地区。

二、秸秆揉搓饲料评价标准

玉米秸秆经揉搓加工后，若饲料颜色为绿色或黄绿色，则为上等，酸味浓，有芳香味，柔软稍湿润。中等饲料颜色为黄褐色或黑绿色，酸味中等或较少，芳香，稍有酒精味，柔软稍干或水分稍少。下等饲料为黑色或褐色，酸味很少，有臭味，呈干燥松散或黏软块状，为防止牲畜中毒，该种饲料不宜饲喂牲畜。

第七节 热喷和膨化处理技术

热喷处理工艺流程为：原料预处理→中压蒸煮→高压喷放→烘干粉碎。其主要作用原理是通过热力效应和机械效应的双重作用，首先在170℃以上的高温蒸汽（0.8兆帕）作用下，破坏秸秆细胞壁内的木质素与纤维素和半纤维素之间的酯键，部分氢键断裂而吸水，使木质素、纤维素、半纤维素等大分子物质发生水解反应成为小分子物质或可利用残基。然后在高压喷放时，经内摩擦作用，再加上蒸汽突然膨大及高温蒸汽的张力作用，使茎秆撕碎，细胞游离，细胞壁疏松，细胞间木质素分布状态改变，表面积增加，从而有利于体内消化酶的接触。

膨化处理与热喷不同的是最后有一个降压过程。其原理如同爆米花，就是在密闭的膨化设备中经一定时间的高温（200℃

左右)、高压 (1.5 兆帕以上) 水蒸气处理后突然降压迅速排出, 以破坏纤维结构, 使木质素降解, 结构性碳水化合物分解, 从而增加可溶性成分。这两种方法都可以提高秸秆消化率, 但是由于设备一次性投资高, 加上设备安全性差, 限制了其在生产实践中的推广应用。

第八节　秸秆压块饲料技术

我国是一个农业大国, 年产农作物秸秆 7×10^8 吨, 由于秸秆饲料加工技术滞后, 致使大批秸秆被焚烧或废弃, 造成了秸秆资源的严重浪费, 污染了环境。近年来, 随着畜牧养殖业的快速发展, 饲草需求量越来越大。随着人们对秸秆饲料产品认识的提高、秸秆饲料加工业的不断创新、农作物秸秆压块技术设备的开发生产, 秸秆压块饲料生产技术得到了推广应用。

一、秸秆压块技术原理

秸秆压块饲料加工是以玉米秸、稻草、麦秸、葵花秆、高粱秸之类的农作物秸秆等低值粗饲料为原料, 经机械铡切或揉搓粉碎, 混配以必要的营养物质, 经压块成型成套设备在高温高压轧制, 利用压缩时产生的温度和压力, 使秸秆氨化、碱化及熟化, 使秸秆本质彻底变性, 提高其营养成分并制成品质一致的高密度块状饲料。秸秆饲料压块技术可将粉碎后含水量在 10%~18% 的玉米秸秆、牧草等秸秆压制成高密度饼块, 其压缩比可达到 1 : (5~15)。秸秆经过压块后, 其粗蛋白质含量从 2%~3% 提高到 8%~12%, 消化率从 30%~45% 提高到 60%~65%。其营养成分相当于中等牧草, 产品无毒、无病菌、水分低、不易发生霉变、营养成分高, 可以作为反刍动物的基础食粮。饲喂牛羊时，只需要将秸秆压块饲料按 1：（1~2）的比例加水，使之膨胀松散即可饲喂。该技术省时省力，劳动强度低，工作效率高。

秸秆压块饲料可以实现秸秆的长距离运输，能够有效调剂种植区与养殖区的饲草余缺，尤其是对抗御牧区"黑灾""白灾"有着非常重要的现实意义。冬、春两季，各地的牧草和农作物秸秆相对短缺，而到了夏、秋两季，各种农作物秸秆及牧草资源非常丰富。在夏、秋两季通过机械加工生产压块饲料，使之成为可长期贮存和长途运输的四季饲料，能够有效解决部分地区和冬、春两季饲草资源短缺的问题。

二、秸秆压块饲料技术优势

与原始秸秆饲料相比，秸秆压块饲料存在以下几个方面的优势。

1. 提高采食率

农作物秸秆经过机械化压块加工后，在高温的作用下，秸秆由生变熟，喂养牲畜的适口性好，采食率可达 100%。如玉米秸秆压块饲料可比原始秸秆的采食率提高比机械粉碎秸秆的采食率提高 28%。

2. 提高消化率

应用结果表明，秸秆经高温压制并碱化处理后，玉米秸秆的消化率可由处理前的 50% 提高到 74%，稻麦秸秆的消化率可由处理前的 39% 提高到 70%。

3. 提高肉牛重量

在肉牛养殖过程中，若每天喂 6.58 千克玉米秸秆饲料块，约占采食量的 77%，每日肉牛增重比秸秆铡碎喂食增重率提高达 48%。

4. 提高奶牛产奶量

喂食秸秆压块饲料比秸秆铡切喂食提高奶牛的产奶量及牛奶的质量，如在奶牛的总采食量中，秸秆压块饲料占 60%、浓缩饲料占 40%时，日产奶量可达 15 千克，每日每头增加 2 千克，产奶质量也得到提高。

5. 有利于饲草贮存和运输

每年到冬、春两季时，各地的牧草和农作物秸秆短缺，牲畜普遍缺草，而到了夏、秋两季，各种农作物秸秆及牧草资源极为丰富，但却不能有效地利用。在秋季通过机械加工压块饲料，使之成为可以长途运输或长期贮存的四季饲料，可有效地解决部分地区饲草资源稀少和冬、春季短草的问题。

第五章　秸秆能源化技术

秸秆能源化利用主要包括秸秆沼气、纤维乙醇及木质素残渣配套发展、固体成型燃料、秸秆气化、秸秆快速热解和秸秆干馏炭化等方式。秸秆能源化利用的主要任务是：积极利用秸秆生物气化（沼气）、热解气化、固化成型及炭化等发展生物质能，逐步改善农村能源结构；在秸秆资源丰富地区开展纤维乙醇产业化示范，逐步实现产业化，在适宜地区优先开展纤维乙醇多联产生物质发电项目。

第一节　秸秆成型燃料技术

秸秆固体成型燃料是指在一定温度和压力作用下，利用农作物玉米秆、麦草、稻草、花生壳、玉米芯、棉花秆、大豆秆、杂草、树枝、树叶、锯末、树皮等固体废弃物，经过粉碎、加压、增密、成型，成为棒状、块状或颗粒状等成型燃料，从而提高运输和贮存能力，改善秸秆燃烧性能，提高利用效率，扩大应用范围。秸秆固化成型后，体积缩小 6~8 倍，密度为 1.1~1.4 吨/立方米，能源密度相当于中质烟煤，使用时火力持久，炉膛温度高，燃烧特性明显得到改善，可以代替木材、煤炭为农村居民提供炊事或取暖用能，也可以在城市作为锅炉燃料，替代天然气、燃油。

国内有关专家通过对秸秆压块成型的主要技术、工艺设备、经济效益和社会效益的分析，确定了秸秆压块成型燃料在我国进行产业化生产是可行的。秸秆压块成型燃料生产具有显著的经济效益，不仅能节约大量的化石能源，又为2吨以下的燃煤锅炉提供了燃料，有广阔的应用情景。秸秆燃料块燃烧后烟气中 CO、CO_2、SO_2、NO_x 等成分的排放均低于目前燃煤锅炉规定的排放标准，达到了国家的环保要求，生态环保效益明显。因此秸秆固体成型燃料生产在国内广大农村、城镇实行产业化，具有良好的发展前景。

第二节　秸秆制沼气技术

秸秆沼气（生物气化）是指以秸秆为主要原料，经微生物发酵作用生产沼气和有机肥料的技术。该技术充分利用水稻、小麦、玉米等秸秆原料，通过沼气厌氧发酵，解决沼气推广过程中原料不足的问题，使不养猪的农户也能使用清洁能源。秸秆沼气技术分为户用秸秆沼气和大中型集中供气秸秆沼气两种形式。秸秆入池产气后产生的沼渣是很好的肥料，可作为有机肥料还田（即过池还田），提高秸秆资源的利用效率。经研究表明，每千克秸秆干物质可产生沼气0.35立方米。因此，秸秆沼气化是开发生物能源，解决能源危机的重要途径。今后要加强农作物秸秆沼气关键技术的开发、引进与应用，探索不同原料、不同地区、不同工艺技术的适宜型秸秆沼气工程，提高秸秆在沼气原料中的比重。要将秸秆沼气与新农村、"美丽乡村"建设和循环农业、生态农业发展相结合，稳步发展秸秆户用沼气，加快发展秸秆大中型沼气工程。

利用稻草、麦秸等秸秆为主要原料生产沼气，发酵装置和建池要求与以粪便为原料沼气完全相同。主要工艺流程：稻草或麦秸等→粉碎→水浸泡→堆沤（稻草或麦秸等加入速腐剂及部分人、畜粪便）→进池发酵→产气使用。主要环节及技术要点如下。

一、原料预处理

有直接堆沤和速腐剂处理两种方法。

1. 直接堆沤法

用粉碎的稻草400千克，按每100千克稻草加100千克水的比例混合均匀润湿15~24小时。翻动稻草，使稻草于水混合均匀，最终使稻草含水率达到65%~70%。堆好后用塑料薄膜覆盖，将秸秆堆成垛（1.2~1.5米宽，1.0~1.5米高），并在堆垛的周围及顶部每隔30~50厘米打一个孔，以利通气。用薄膜或秸秆将堆垛的四周及顶部盖上，底部留缝隙通气。待堆垛内温度达到50℃以上后，维持3天，当堆垛能看到一层白色菌丝时，便可投入池中。以后用粉碎的稻草8~10天定期加入1次。

2. 速腐剂处理法

用粉碎的稻草400千克、0.5~1千克秸秆发酵菌剂、5千克左右碳铵、400千克左右水，10%~30%的接种物。堆沤方法：把秸秆发酵菌剂和稻草混合均匀，可添加适量的碳酸氢铵等氮肥，以补充氮素。混合原料太干，要加足水，然后用薄膜覆盖（方法同直接堆沤法），堆沤7天左右，便可投入池中。以后用粉碎的稻草8~10天定期加入1次。

二、投料

将预处理的原料和准备好的接种物混合在一起投入池内。如在大出料时将接种物留在了池内，将原料投入池内拌匀即可。

三、加水封池

原料和接种物入池后，要及时加水封池。现有水压式沼气池以料液量约占沼气池总容积的 90% 为宜，然后将池盖密封。加入沼气池的水可依次选用沼气发酵液、生活废水、河水或坑塘污水等；水温应尽可能地提高，如日晒增温或晴天中午取水。但不得使用含有毒性物质的工业废水。

四、放气试火

沼气发酵启动初期，通常不能点燃。因此，当沼气压力表压力达到 400 毫米水银柱时，应进行放气试火，放气 1~2 次后，所产沼气可正常点燃使用时，沼气发酵启动阶段即告完成。

五、定时进、出料

当沼气发酵启动之后，即进入正常运转阶段。为了维持沼气池的均衡产气，启动运行一定时间后，就应根据产气效果的变化确定补料。正常运转期间加入池的稻草、麦秸等原料，粉碎并用水或发酵液浸透即可。为了便于管理和均衡产气，最好每隔 8~10 天补料 1 次。产气量不足时，则应每 5~7 天添加稻草一次。补料时要先出后进，每次出料的发酵液可以循环使用。

六、大换料

若实行秋季一年一次大换料，并以成批投料为主时，启动投料浓度在 8%~10%，到次年春末不必添料，以后产气量不足时每月添料 1~2 次，每次添料 40~80 千克干物质。大换料要求池温 15℃以上季节进行，低温季节不宜进行大换料。大换料时应做到以下几点：大换料前 5~10 天应停止进料启动；要准备好

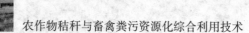

足够的新料，待出料后立即重新进行启动；出料时尽量做到清除残渣，保留细碎活性污泥，留下 10%~30% 的活性污泥为主的料液作为接种物。

七、定期搅拌

水压式沼气池无搅拌装置，可通过进料口或水压间用木棍搅拌，也可以从水压间淘出料液，再从进料口倒入。

浮料结壳并严重影响产气时，则应打开活动盖进行搅拌。冬季减少或停止搅拌。

八、增保温措施

常温发酵沼气池，温度越高沼气产量越大，应尽量设法使沼气池背风向阳。冬季到来之前，防止池温大幅度下降和沼气池冻坏，应在沼气池表面覆盖柴草、塑料膜或塑料大棚。"三结合"沼气池，要在畜圈上搭建保温棚，以防粪便冻结。农作物秸秆等堆沤时产生大量热量。正常运转期间可在池上大量堆沤稻草，给沼气池进行保温和增温。覆盖法进行保温或增温，其覆盖面积都应大于沼气池的建筑面积，从沼气池壁向延伸的长度应稍大于当地冻土层深度。

九、安全生产与管理

沼气发酵启动进过程中，试火应在燃气灶具上进行，禁止在导气管口试火；沼气池在大换料及出料后维修时，要把所有盖口打开，使空气流通，在未通过动物实验证明池内确系安全时，不允许工作人员下池操作；池内操作人员不得使用明火照明，不准在池内吸烟；下池维修沼气池时不允许单人操作，下池人员要系安全绳，池上要有人监护，以防万一发生意外可以及时进行抢救；沼气池进出料口要加盖；输气管道、开关、接头等处要经常检修，防止输气管路漏气和堵塞，水压表要定期检查，确保水压表准确反映池内压力变化，经常排放冷凝水收集器中的积水，以防管道发生水堵；在沼气池活动盖密封的情况下，进出料的速度不宜过快，保证池内缓慢升压或降压；在沼气池日常进出料时，不得使用沼气燃烧器和有明火接近沼气池。

第三节　秸秆直接燃烧发电技术

秸秆发电就是以农作物秸秆为主要燃料的一种发电方式，又分为秸秆气化发电和秸秆燃烧发电。秸秆气化发电是将秸秆在缺氧状态下燃烧，发生化学反应，生成高品位、易输送、利用效率高的气体，利用这些产生的气体再进行发电。但秸秆气化发电工艺过程复杂，难以适应大规模应用，主要用于较小规模的发电项目。秸秆直接燃烧发电技术是指秸秆在锅炉中直接燃烧，释放出来的热量通常用来产生高压蒸汽，蒸汽在汽轮机中膨胀做功，转化为机械能驱动发电机发电。该技术基本成熟，已经进入商业化应用阶段，适用于农场以及平原地区等粮食主产区，便于原料的大规模收集，是21世纪初期实现规模化应用比较现实的途径。

秸秆发电是秸秆优化利用的主要形式之一。随着《中华人民共和国可再生能源法》和《可再生能源发电价格和费用分摊管理试行办法》等的出台，秸秆发电备受关注，目前秸秆发电呈快速增长趋势。秸秆是一种很好的清洁可再生能源，每两吨秸秆的热值就相当于1吨标准煤。在生物质的再生利用过程中，对缓解和最终解决温室效应问题将具有重要贡献。秸秆现已被认为是新能源中最具开发利用规模的一种绿色可再生能源，推广秸秆发电，将具有重要意义。

第四节　秸秆炭化技术

秸秆的炭、活化技术是指利用秸秆为原料生产活性炭技术，因秸秆的软、硬不同，可分为两种生产加工方法。

1. 软秸秆

如稻草、麦秸、稻壳等，可采用高温气体活化法，即把软质秸秆粉碎后在高压条件下制成棒状固体物，然后进行炭化，破碎成颗粒，通过转炉与 900℃左右水蒸气进行活化造孔，再经过漂洗、干燥、磨粉等工艺制成活性炭。

2. 硬度较强的秸秆

如棉柴、麻秆等，可采用化学法。即把硬质秸秆粉碎成细小颗粒状，筛分后烘干水分控制在 25%左右。经过氯化锌、磷酸、盐酸等，配制成适合的波美度和 pH 值溶液浸泡 4~8 小时，进行低温炭化（250~350℃）和高温活化（360~450℃），再经回收（把消耗的原料稀出再经过煮、漂洗、烘干、筛分、磨粉等工艺）制成活性炭。

第五节　秸秆气化技术

秸秆热解气化是以农作物秸秆、稻壳、木屑、树枝以及农村有机废弃物等为原料，在气化炉中，缺氧的情况下进行燃烧，通过控制燃烧过程，使之产生含一氧化碳、氢气、甲烷等可燃气体作为农户的生活用能。我国对这项技术开发利用和示范推广工作十分重视，"七五"期间开始进行科研攻关，"八五"期间由国家科委、农业部在山东等地进行试点，从 1996 年开始在全国各地示范推广。

　　秸秆燃气的技术原理是利用生物质通过密闭缺氧，采用于溜热解法及热化学氧化法后产生的一种可燃气体，这种气体是一种混合燃气，含有一氧化碳、氢气、甲烷等，亦称生物质气。根据北京市燃气及燃气用具产品质量监督检验站秸秆燃气检验报告得知：可燃气体中含氢 15.27%、氧 3.12%、氮 56.22%、甲烷 1.57%、一氧化碳 9.76%、二氧化碳 13.75%、乙烯 0.10%、乙烷 0.13%、丙烷 0.03%、丙烯 0.05%，合计 100%。

　　农民使用秸秆燃气可以从以下两个方面：第一，靠秸秆气化工程集中供气获得。第二，可以利用生物质自己生产。秸秆气化工程一般为国家、集体、个人三方投资共建，一个村（指农户居住集中的村）的气化工程需投资 50 万~80 万元，在我国目前有 200 多个村级秸秆气化工程。农民自产自用的秸秆燃气，主要靠家用制气炉进行生物质转化，投资不大，一般在 300~700 元。

　　秸秆气化炉亦称生物质气化炉、制气炉、燃气发生装置等，在气化炉中，分直燃（半气化）式和导气（制气）式气化炉。其中导气式气化炉中又分上吸式、下吸式、流化床气化炉。直燃式与导气式气化炉在广告词中，不少读者容易被误导。直燃式气化炉是适用二次进风产生二气化燃烧，而导气式气化炉是运用热化学反应原理产生可燃气体燃烧。制气炉具有生物质原料造气，燃气净化，自动分离的功能。当燃料投入炉膛内燃烧产生大量 CO 和 H_2 时，燃气自动导入分离系统执行脱焦油、脱烟尘，脱水蒸气的净化程序，从而产生优质燃气，燃气通过管道输送到燃气灶、点燃（亦可电子打火）使用。

　　以秸秆为原料的气化技术，主要适用于以自然村为单位实行集中供气进行建设。秸秆气化可以产生清洁的秸秆燃气，可以用作农村户用燃气或城市煤气等，具有较好的发展空间和机遇。在秸秆气化工程建设的同时，应加强气化站运行管理工作和经营模式的有益探索，确保气化站的正常运转和供气。

第六节　秸秆降解制取乙醇技术

依托秸秆纤维乙醇产业化技术优势，强调秸秆资源的综合利用和阶梯利用方式，可采取"醇—气—电—肥"模式建设纤维乙醇工厂，实现木质纤维素分类利用，纤维素生产乙醇，半纤维素生产沼气联产，木质素残渣发电供热，沼渣、沼液制有机肥；可结合现有秸秆电厂，采取"醇—电"联产模式，首先利用秸秆中的纤维素生产乙醇，剩余木质素废渣作为电厂燃料和半纤维素等产生的沼气联产发电；可与现有糠醛木糖厂相结合，纤维素生产乙醇，半纤维素生产糠醛或木糖，木质素残渣发电，重点解决醇、气、电一体化技术和装备系统集成。

第七节　秸秆热解液化生产生物质油技术

秸秆快速热解制取生物质油是利用农作物秸秆、林业废弃物等采用常压、超高加热速率（$10^3 \sim 10^4$开/秒）、超短产物停留时间（0.5~1秒）及适中的裂解温度（500℃左右），使生物质中的有机高聚物分子隔绝空气的条件下迅速断裂为短链分子，生成含有大量可冷凝有机分子的蒸汽，蒸汽被迅速冷凝，同时获得液体燃料、少量不可凝气体和焦炭。液体燃料被称为生物油，为棕黑色黏性液体，基本不含硫、氮和金属成分，是一种绿色燃料。快速热解液化生产过程在常压和中温下进行，工艺简单，成本低，装置容易小型化，产品便于运输、储存。

生物质快速热解生产液体燃料加热速率极快，滞留时间极短且产物快速冷却，是一个瞬间完成的过程。该技术始于 20 世纪 70 年代末，为降低快速热解法的生产成本，各国已经对多种反应器和工艺进行了研究，特别是欧美等发达国家，在进行全面的理论研究的基础上，已建立了相应的试验装置。快速热解法生产的液体燃料可以替代许多锅炉、发动机及透平机所用的燃油，而且还可以从中萃取或衍生出一系列化学物质，如食品添加剂、树脂、药剂等。由于生成的是液体燃料，所以，可以很容易地储存和运输，不受地域限制，也正因为这些优势，快速热解技术越来越受到关注，工艺发展有了长足的进步。

生物质的快速热解液化最大的优点在于其产物生物油易存贮、运输，为工农业大宗消耗品，不存在产品规模和消费的地域限制问题，生物油不但可以简单替代传统燃料，而且还可以从中提取出许多较高附加值的化学品。通过分散热解，集中发电的方式，热解生物油通过内燃机、燃气涡轮机、蒸汽涡轮机完成发电，这些系统可产生热和能，能够达到更高的系统效率，一般为 35% ~ 45%，并且解决了由于发电要求规模效益，大大增加了农林废弃物的运输和储存成本以及场地费用的问题。

秸秆快速热解制取生物质油是一种先进的秸秆热化学转化技术。首先在原料产地将生物质规模适度地分散热解，转化为便于运输和储存的初级液体燃料——生物油，然后将各地热解得到的生物油收集后进行再加工，这样可从根本上解决生物质资源分散和受季节限制等大规模应用的瓶颈问题。生物质快速热解作为能源，能够最大量地处理农林废弃物资源，且产物不存在销路问题，具有良好的经济效益、社会效益和环境效益，是解决农林废弃物能源化的最有效途径。

第六章 秸秆基料化利用技术

第一节 农作物秸秆基料化利用技术原理

　　食用菌自身不能合成养料。秸秆富含食用菌所必需的糖分、蛋白质、氨基酸、矿物质、维生素等营养物质，以秸秆为原料生产食用菌，不仅能提高食用菌的产量、品质，还可以充分利用我国丰富的秸秆资源。一般秸秆粉碎后可占食用菌栽培料的75%~85%。草腐菌可以100%地利用稻草做基料进行栽培，木腐菌的基料同样也可以用一定比例的稻草替代木屑，替代比例可以高达40%。秸秆袋料栽培食用菌，是目前利用秸秆生产平菇、香菇、金针菇、草菇、大球盖菇的常用方法，投资少、见效快，深受农民欢迎。而且，如果大面积推广利用农作物秸秆生产食用菌，不仅能变废为宝，还能为农民增收、农业增效、开发有机农业发挥积极作用。农作物秸秆用于栽培食用菌之后，废渣既可以回田下地，作为良好的有机肥料，使大田作物丰收，产量增加，又可作为营养丰富的牲畜饲料，这些都能促进农业生产的良性循环。今后重点要朝着筛选出适宜在不同作物秸秆上栽培高产、优质菌株的方向发展，不断优化菌种制作、培养料配制及出菇管理技术。

第二节　秸秆栽培草腐生菌类技术

一、秸秆栽培草菇技术

利用秸秆栽培高温型食用菌草菇，使作物秸秆成为一种可开发利用的生物再生资源，既降低草菇的生产成本，丰富人民的菜篮子，又解决了夏季食用菌产品严重缺乏的难题。

1. 品种特性与栽培适期

草菇为夏季栽培的高温速生型菇类，从种到收只要 10~15 天，生产周期不过 1 个月。菌丝体生长温度范围为 15~36℃，最适宜温度为 30~35 ℃，子实体生长温度为 26~34℃，最适宜为 28~30℃。从堆料到出菇结束 1 个多月，是目前规模栽培的食用菌中需求温度最高，生长周期最短的栽培品种，草菇在甘肃省栽培适温期短，适宜的栽培季节为 7 月初至 10 月上旬，一般在麦收之后开始进行生产。

2. 原料选择

适合草菇栽培的原料广泛，麦秸、玉米秸、玉米芯、棉籽壳及花生壳等均可作为栽培基质用于草菇生产，栽培料应选用颜色金黄、足干、无霉变的新鲜原料，用前先暴晒 2~3 天。

3. 场地选择与处理

栽培草菇的场地既可是温室大棚，也可在闲置的室内、室外、林下、阳畦、大田与玉米间作、果园等场地，大棚要加覆盖物以遮阴控温，新栽培室在使用前撒石灰粉消毒，老菇棚可用烟熏剂进行熏蒸杀虫灭菌。

4. 原料的处理

原料采用高量石灰碱化处理。即在菇棚就近的地方，挖一长 6 米，宽 2.5 米，深 0.8 米左右的土坑（土坑大小可根据泡秸秆多少而定），挖出的土培在土坑的四周以增加深度至 1.5 米，坑内铺一层厚塑料膜，然后一层麦秸，一层石灰粉，再一层麦秸，再一层石灰粉，如此填满土坑，最上层为石灰粉，石灰总量约为麦秸总量的 8%。再在麦秸上面加压沉物以防止麦秸上浮。最后，往土坑里灌水，直至没过麦秸为止。同时，把占麦秸总量 8%~10% 的麸皮装袋放入坑中，浸泡 24~36 小时。

5. 入棚、建畦、播种

把泡过的麦秸挑出，沥水 30 分钟后入棚。按南北方向建畦，畦宽 0.9~1.0 米，先铺一层 20 厘米左右的秸秆，并撒上一层处理过的麸皮。用手整平稍压实后播第一层种。按 0.75 千克/平方米的播种量，取出 1/3 的菌种掰成拇指肚大小，再按穴距和行距均为 10 厘米左右播种，靠畦两边分别点播两行菌种，中间部位因料温会过高而灼伤菌种故不播；之后再铺一层厚为 15 厘米左右的草料和麸皮，把剩余 2/3 的菌种全部点播整个床面，然后再在床面薄薄地撒一层草料，以保护菌种且使菌种吃料快。最后用木板适当压实形成弧形，以利覆土，料总厚度 30~35 厘米，畦间走道宽 30 厘米。

6. 覆土、盖膜

把畦床整压成弧行后，在料面上盖一层次 2~4 厘米的黏性土壤，可在走道上直接取土，使之形成了蓄水沟和走道。最好在覆土内拌入部分腐熟的发酵粪肥。覆土完毕，在畦面盖一层农膜以保温保湿，废旧膜要用石灰水或高锰酸钾消毒处理。覆膜完毕在料内插一温度计，每天观察温度，控制在适宜温度之内，料温不超过 40℃。如超过 40℃ 应立即撤膜通风，在畦床上用木棍打眼散热。

7. 发菌、支拱

覆膜 3 天后，每天掀膜通风几次，每次 10~30 分钟。至第 7~8 天，菌种布满床面，等待出菇，此时应在畦面上支拱，拱上覆薄膜。两头半开通风，两边不要盖得太严。因草菇对覆土及空气湿度要求较严，拱膜可保持温度和湿度稳定，如温度和湿度适宜，也可不用拱棚。

8. 出菇管理

播种后 10 天左右，便开始出菇，此时，要注意掀膜通风。待出菇多时，在走道内灌水保湿或降温。如温、湿度适宜要撤膜通风换气，保持菇床空气新鲜，温度不宜超过 36℃，以防止高温使菇蕾死亡，如见畦床过干，不可用凉水直接喷洒原料或菇蕾，而要在棚边挖一小坑，铺上薄膜，放入凉水预热后使用。整个出菇过程要严格控制温度、湿度，并适当通风。草菇对光照无特别要求，出菇期给予散射光即可保证子实体正常发育。草菇虫害主要有螨类、菇蝇和金针虫等，可在铺料前用 90% 敌百虫 700~800 倍液处理土壤或用 80% 敌敌畏乳油 800~1 000 倍液喷雾防治。

9. 采收

草菇子实体发育迅速，出菇集中，一般现蕾后 3~4 天采摘，每潮采收 4~5 天，每天采 2~3 次。隔 3~5 天后，第二潮又产生，一般采 2~3 潮，整个采菇期 15 天左右，第一潮菇约占总产量的 80%。当子实体由基部较宽，顶部稍尖的宝塔形变为蛋形，菇体饱满光滑，由硬变松，颜色由深入浅，包膜未破裂，触膜时中间没空室时应及时采摘，通常每天早中晚各采收 1 次，开伞后草菇便失去了商品价值。

二、秸秆栽培大球盖菇技术

大球盖菇是许多欧美国家人工栽培的食用菌之一，由于它具有许多优良的经济性状和栽培性状，也成为联合国粮农组织向发展中国家推荐栽培的食用菌之一。20世纪90年代初，开始引入我国福建地区进行试种，并且取得了成功。近几年发展迅速，在我的福建、江西、浙江、安徽等省一带均有大量栽培，为利用农作物秸秆如麦草、稻草提高到了一个新的水平。由于大球盖菇的适应性强，容易栽培，而且市场前景非常好。大球盖菇色泽艳丽，营养丰富，它们的肉质细嫩，盖滑柄脆，清香可口，根据专家测定，经常食用大球盖菇，可以有效防治神经系统、消化系统疾病和降低血液中的胆固醇。它们也因此而深受消费者的欢迎。

1. 栽培方式和工艺

室外生料栽培的工艺为：整地作畦→场地消毒→浸草预堆→建堆播种→发菌→覆土→出菇及管理→采收。

2. 栽培用原料

多种农作物秸秆均可利用，如麦秸、稻草、亚麻秆等，但必须洁净，无霉变。

3. 栽培季节和场所

根据大球盖菇生长发育所需要的温度，参考当地的气候特点，掌握生产期，一般秋季至翌年春季都可栽培。菇棚、阳畦、土温室等园艺设施都可使用。

4. 栽培方法

（1）整地作畦。首先做畦高10~15厘米、宽90厘米、长1 500厘米左右。具体做法是：先取一部分表土放在旁边，供以后覆土使用，然后把地整成垄，中间高，两侧低。

（2）场地消毒灭虫。整地作畦之后，要进行消毒灭虫处理。灭虫可用敌百虫、马拉硫磷等，还可在畦上浇1%茶籽饼水，以防蚯蚓为害。然后在场地或畦上撒一薄层石灰消毒。

（3）浸草预湿。稻草麦秸都必须浸水，吸足水分，浸水时间一般2天左右，需换水1~2次。浸足水后，捞出自然滴水12~24小时，以使含水量达到70%~75%。

（4）建堆播种。每平方米用干草20千克左右，按畦的大小建堆，用菌种700~800克。当堆到8厘米左右，点播菌种，菌种以小核桃大小为宜。穴播，穴距为10厘米左右。接着再铺上一层料，7~8厘米。然后加盖旧麻袋、草帘、报纸等覆盖物（也有直接覆土，上面再覆稻草不露土为止，利于保湿）。

（5）发菌。发菌期堆温以22~28℃为适，大气相对湿度85%~90%为宜。

（6）覆土。播种30天左右，菌丝基本长满料，需覆土3~4厘米。

（7）出菇期管理。覆土后，要喷细水，2~3天后，料中的菌丝即可长入土层。数天后即可有大量子实体形成。出菇期间，保持温度15~20℃，大气相对湿度85%~95%，经常通风换气。一般子实体从原基形成至采收只需5~10天。在适宜的栽培条件下，100千克干料出鲜菇50千克。

第三节　秸秆栽培木腐生菌类技术

本节以平菇栽培为例来介绍木腐生菌类技术。

一、培养料及配方

常用的栽培配方如下。

棉籽壳 55 千克、豆秸 35 千克、麸皮 5 千克、豆饼 2 千克、过磷酸钙 1 千克、石膏 1 千克、石灰 1 千克、尿素 0.2 千克。

玉米芯 60 千克、玉米秆 35 千克、石膏 2.5 千克、尿素 0.2 千克、过磷酸钙 2.3 千克。

花生壳 78 千克、麸皮或米糠 20 千克、石膏 1 千克、蔗糖 1 千克。

麦秸或稻草 80 千克、麸皮或米糠 5 千克、玉米粉 10 千克、过磷酸钙 2 千克、石膏 1 千克、尿素 1 千克、蔗糖 1 千克。

二、培养料的处理与发酵

1. 处理

将玉米心粉碎成黄豆大小的颗粒，花生壳碾碎，其他秸秆截成小段并碾碎。拌料前先将场地打扫干净，用 0.2% 多菌灵或 3%~5% 石灰水消毒。拌料时将石膏、磷肥、蔗糖、尿素等可溶于水的辅料溶于清水中，制成拌料液，再将不溶于水的辅料从少到多混拌均匀，最后将拌料液和辅料与主料调拌均匀，加清水使料中含水量约 60%（用力抓握培养料指缝间有水印但无水滴）。

2. 发酵

将配好的培养料建成下底宽 1.5 米，上底宽 1 米，高 0.8~1.2 米，长度不限的梯形堆，用细木棒在侧面每隔 40 厘米向料中心斜插一孔洞。料内温度上升到 60℃时维持 24 小时，然后翻堆一次。待料内温度再次升至 60℃再维持 24 小时，再翻堆，如此连翻 3 次即可。

三、播种

1. 菌种选择

平菇有低温、低中温、中温和高温 4 个温度类型，应根据当地不同的气候特征，选择相应温度型的品种，早春、晚秋和冬季选择低温型和低中温型，春季和秋季选择中温型，晚春、早秋和夏季选择高温型。

2. 播种

发酵料栽培以袋栽效果较好，可选用 25 厘米×60 厘米的聚乙烯或聚丙烯塑料袋。

四、发菌

将接种好的菌袋移入菇棚，气温较低时，可摆成四层的垛，菌袋间插入温度计，每天检查几次，当料温超过 30℃时及时翻垛。经 25 天左右菌丝即可发满，转入出菇阶段。

五、出菇管理

解去发好的菌袋上的线绳，将袋口拉开，保持菇棚内空气相对湿度在 90%左右，增加通风换气和光照，不久便会形成大量菇蕾。然后加大喷水量，使空气相对湿度在 95%~98%，增加通风换气，以利于子实体的形成。

六、采收

从菇蕾形成到子实体成熟一般 5~7 天。平菇采收的最佳时期为子实体 80%~90%成熟，即菌盖边缘尚未展平，菌盖与菌柄交界处无白色绒毛。头潮菇采收后及时补充水分，以利于下潮菇生长。

第四节　秸秆植物栽培基质技术

秸秆植物栽培基质制备技术，是以秸秆为主要原料，添加其他有机废弃物以调节 C/N 比、物理性状（如孔隙度、渗透性等），同时调节水分使混合后物料含水量在 60%~70%，在通风干燥防雨环境中进行有氧高温堆肥，使其腐殖化与稳定化。良好的无土栽培基质的理化性质应具有以下特点。

可满足种类较多的植物栽培，且满足植物各个时期生长需求。

有较轻的容重，操作方便，有利于基质的运输。

有较大的总孔隙度，吸水饱和后仍保持较大的通气孔隙度，可为根系提供足够的氧气。

绝热性能良好，不会因夏季过热、冬季过冷而损伤植物根系。

吸水量大、持水力强。

本身不带土传病虫害。

第七章　秸秆建筑技术

第一节　秸秆建筑材料的物理性质

一般而言，作为一种建筑材料的最基本要求有以下几个方面：一是技术性能要求。包括材料本身的隔热、隔音、耐潮、防腐以及安全、强度等诸多特性。二是工艺性要求。主要指作为材料工艺结构能否符合要求，如是否便于加工制作，后续维修保养是否方便等。三是经济性要求。主要指材料的价格，包括原材料的成本控制、是否可以批量生产等。除了这3个基本要求之外，还可以从材料是否环保低碳、是否可持续等方面加以考量。

秸秆建筑材料的物理特性如下。

一、成分接近木材

判断农作物秸秆是否能够替代木材用于建筑，首先需要通过考察比对两者之间的成分含量。影响板材性能的主要三大因素——纤维素、木质素和戊聚糖的含量，农作物秸秆与木材以上3项的含量基本相似，尤其是麦秸和蔗渣的纤维素含量非常接近于木材。因此，从理论上说，农作物秸秆是适宜代替木板用作建筑原料的。

農作物秸秆与畜禽粪污资源化综合利用技术

二、承载力强

一般秸秆砖可以承受墙体工作面长度 500 千克/平方米荷载（近似等于 1 000 千克/平方米），如在建造之前做好预应力处理，秸秆砖作为建筑材料在物理承力方面完全可以胜任。

三、韧性高

秸秆砖受到外界静荷载时，会出现被压扁现象，一旦砖上的荷载被移除时，就会恢复原状。正是由于秸秆砖的这种高度的韧性，作为建筑材料的它对冲击荷载、周期性疲劳破坏有很强的抵抗力，同时也具有良好的抗震性及抵御飓风性能。

四、隔音效果较好

用秸秆制作的隔墙板材自身具有一定的厚度且容重较大，声波衰减较大，隔音效果比较好，并且秸秆砖相比传统的黏土砖密度小，故在一定程度上吸收声音的能力大于传统的黏土砖。

五、隔热性高

秸秆建筑可以达到节能建筑材料的标准，即年耗能量要求不大于 15 千瓦时/平方米。

如规格 200 毫米厚的秸秆墙板，其保温系数 4 倍于 370 毫米黏土砖墙。事实上，正是因为秸秆材料出色的隔热性以及低廉的成本，人们常常将农作物秸秆材料制作成诸如隔热层及填充板，被用于保温性能差的房屋的密封隔热。

六、防潮性好

干秸秆本身具有良好的吸湿性能，但为保证秸秆砖的硬度，其含水量应控制在低于15%，并设置防水层，在利用秸秆砖搭建时，为使潮气能够很好地向外扩散，可在内表面设置水蒸气隔离层，外表面处理时应保证水蒸气能够溢出，从而保证秸秆砖的干燥。

七、防火性高

秸秆本身极易燃烧，但是经过高密度压实之后，在其处于室内的面层用泥土抹灰，室外的面层用石灰抹灰之后，其防火等级可达到F90（抗燃烧90分钟），属于防火性能良好的建筑材料。

八、防虫防鼠

通过一系列的压实和加工后，秸秆板材的密度可达90千克/立方米以上，可有效抵抗各种啮齿类动物的破坏，更何况内层外层还有抹灰层（厚度为单边3~6厘米）保护，小动物要想突破防线可谓难上加难。这也是即使在年代久远的秸秆建筑中也没有发现虫害和鼠害，同时也没有寄生虫和白蚁存在的重要原因，充分证明了秸秆建筑的强度和结构可靠度是值得信赖的。

第二节　秸秆砖墙体结构的特点

一、结构体系介绍

纤维增强复合材料：许多材料，特别是脆性材料在制作成纤维后，强度远远超过块状材料的强度。例如，窗户玻璃是很容易打碎的，但是用同样的玻璃制作成的玻璃纤维，拉伸强度可高达20~50兆帕，不仅超过了块状玻璃的强度，而且可与普通钢的强度媲美。

（一）基体

基体的作用之一是把纤维黏结起来，并将复合材料上所受的载荷传递和分布到纤维上去。根据基体的不同，复合材料可以分为聚合物基复合材料、金属基复合材料、陶瓷基复合材料和碳基复合材料。聚合物基有不饱和聚酯、环氧树脂和酚醛树脂等热固性基体以及尼龙、聚酯等热塑性基体。

在纤维增强复合材料中，增强效果主要取决于增强纤维本身的力学性能、纤维的排布与含量。纤维的排布分为两种极端情况：所有的纤维都朝一个方向顺排，这种增强方式为单向增强；所有的纤维都无规则地乱排，这种增强方式称为无序增强。

（二）不饱和聚酯

不饱和聚酯通常是指饱和二元酸和不饱和二元酸与饱和二元醇缩聚而成的线形高聚物。由于其主链中具有可反应的双键，在固化剂的作用下能形成交联体型结构。不饱和聚酯树脂的黏度小，能与大量填料均匀混合。例如在玻璃纤维增强聚酯中，玻璃纤维含量可高达80%。不饱和聚酯可以在室温常压下成型固化，固化后具有优良的力学性能和电性能，因此成为复合材料中很有用的一种基体树脂。玻璃纤维增强聚酯俗称聚酯玻璃钢，已经在汽车、造船和其他工业中获得广泛应用。

（三）胶黏剂

胶黏剂是能够把两个固体表面黏结在一起，并在结合处具有足够强度的物质。

二、承重秸秆砖墙

承重又分承重内墙架和承重外墙架。由秸秆砖堆砌起来的承重秸秆砖墙能够很好地将屋面荷载直接传向基础，此种建筑材料简单、结构简单、建造周期短以及建造成本低，备受人们的青睐。

承重秸秆墙在结构上的一些特性。

一是承重秸秆砖墙只能应用在单、双层建筑的建造中。在单层秸秆砖承重墙建筑设计中，外墙的宽高比不能超过 5：1，一般使用的是小型秸秆砖；所有双层承重秸秆砖建筑都是采用大型秸秆砖建造的；秸秆砖应该高度压缩，至少应具有 90 千克/立方米的表观密度。

二是屋顶荷载应均匀分布到墙上，不能集中在一点上，而且应中心传递，作用范围应分布到墙体厚度的 50%以上；只有在屋顶比较轻或墙体采用高度预应力或设置了圈梁体系的情况下，坡屋顶才能被安全地使用。

三是洞孔应该适当狭窄；窗户和门上方的过梁可不设置，作为替代物，圈梁的尺寸应该按照受力要求进行合理设计。

四是应允许圈梁有足够的容差，因为在完工后的数周或数月内，秸秆砖往往会发生蠕变（压缩或弯曲等）。

五是墙上洞孔间的尺寸必须至少等于一块秸秆砖的长度；洞口长度不能超过墙体长度的 50%，而且洞口离拐角处至少1.2米。

六是对于窄长的墙体，当受非常大的屋顶荷载时，应置额外的支撑以防屈曲。

七是在墙承重的秸秆砖建筑中，墙体表面的灰泥抹面（特别是水泥灰泥）也扮演着一个重要的结构角色，秸秆砖和两侧的灰泥层结合在一起形成三明治般的结构，比这两者任何一个单独承重的效果都好。

承重草砖墙的建造方法：在碎石和砂砾铺地的基础上，将经过良好压缩、密度较高的草砖以错位的方式垒砌成墙体，草砖之间插有加强筋。建造过程中预留出窗洞和门洞的位置，墙体顶部设置圈梁。草砖墙内外依靠张拉皮带产生均衡的预应力并同顶部圈梁共同捆绑。草砖垒砌完成之后，墙体表面进行结构性的抹灰处理。草砖与两侧抹灰层组成了三明治形坚固的墙体，有良好的承载性能。承重草砖墙建筑在建造过程中关于结构强度的问题有以下一些注意事项。

一是用于承重的草砖必须经过良好压缩，在加工前水分含量不应超过 20%，干密度要达到 90 千克/立方米。秸秆纤维排列越密，草砖强度越高，建筑也就越坚固。

二是承重秸秆砖墙在两层以下，外墙的高宽比不能超过5 : 1，墙体有最小厚度的要求。

三是墙体上窗洞的大小和尺寸有一定限制。窗孔可以适当狭窄，高度必须大于宽度。墙上和角落处的窗孔间尺寸须至少等于一块草砖的长度。

四是墙体的表面处理材料的强度和透气性。

三、非承重秸秆砖墙

草砖与木结构搭配是各类秸秆建筑尤其是住宅中较为普遍、成熟的一种。秸秆与木材同为天然的生物材料，在内部和表面属性上的相似性使两者搭配后显得十分和谐。所搭配的木结构多为梁柱木结构或轻型木结构、平台式木结构三种。梁柱木结构以垂直木柱和水平横梁构成建筑的承重结构，并通过分布于各层的斜向拉索、斜撑支柱来抵抗水平力（风荷载），从而达到结构的稳定性。结构构件采用实心木方或胶合木，构件间通常使用钉或金属连接件连接。

梁柱木结构利用刚性连接件可以形成大跨度空间，但材料尺寸和用量较大，在林业资源紧缺的当下显得并不是很经济。草砖在与梁柱木结构搭配过程中只充当墙体、顶部的填充材料使用，并不起承重作用。位于德国下弗朗科尼亚地区的少数族裔迁居住宅是梁柱木框架结构与非承重草砖墙结合的典型案例。草砖作为填充物在建筑中起保温隔热的作用，两层秸秆墙高度为 8 米，内外均有抹灰，一层采用整体通风材料。在该案例中，草砖位于主体木结构的前方，以达到最大程度的气密性。

　　轻型木结构和平台式木结构都是由断面较小的规格材密布连接成的结构形式，由主要结构构件（包括柱子、主次梁的结构骨架）和次要结构构件（墙板、楼板和屋面板）共同承受荷载。它们有经济、安全、结构布置灵活的特点，建造快捷，预制化程度较高，一般用于小型的住宅建筑，是世界范围内与秸秆材料搭配最为常见的结构类型。草砖与轻型木结构搭配建造的住宅广泛应用于北美，是当地草砖建筑的主流形式。由于北美林业资源丰富，住宅建筑基本都采用轻型木结构体系，建造技术十分成熟。将草砖等秸秆材料与之搭配，很好地契合了地域环境和建造传统。轻型木结构在欧洲拥有更为多样的形式。在搭建过程中，建筑各部分的结构骨架整体搭建，草砖只充当填充材料，嵌入结构骨架中，避免了草砖垒砌所带来的尺寸偏差和墙体形变的问题，再通过外部的金属网、抹灰面层或饰面板增强结构强度。

　　对于非承重草砖墙体，草砖在堆砌过程中与结构柱的位置有一定的关系，这对墙面上洞口的设置和饰面处理方法有直接影响。柱或门窗框架与草砖的连接处通常采用膨胀金属包角。承重草砖墙体一般采用抹灰的饰面处理手法，配合金属网的张拉作用，提升墙体的结构性。非承重草砖墙体兼具抹灰和耐候板两种处理手法。

四、秸秆层的隔热

农作物纤维块建筑最大的优点是农作物纤维这种材料极高的保温隔热系数。农作物纤维这种材料本身的隔热性能并不比其他许多材料（如玻璃纤维、纤维素或者矿棉等）要好，但是厚度为45~60厘米的农作物纤维块墙的保温隔热性能却非常好，而且墙体本身的固化能量很低。农作物纤维块墙体是一种可持续发展且低技术、低消耗的超保温墙体。

秸秆墙具有很好的保温隔热能力，不仅由于秸秆这种材料本身具有极高的保温隔热系数，而且由于秸秆墙的厚度一般都比较大。以美国为例，根据亚利桑那州大学教授 Joe McCabe 的计算数据，三道箍秸秆块［60厘米×（116~122）厘米×（38~40）厘米］墙体的隔热系数是 R-45~R-57，两道箍秸秆块（45厘米×91厘米×35厘米）墙体的隔热系数是 R-42~R-43；田纳西州的橡树山国家实验室最近做的实验结论是三道箍秸秆块的隔热系数是 R-33。目前美国的木框架填充墙建筑规范的要求仅仅是 R-11 或 R-19，也就是说，秸秆块的最小保温隔热系数将是规范的2倍左右。如果秸秆砖墙外加了灰泥抹面，保温隔热能力将会再度提高，甚至比土坯墙、夯土墙、双层隔热砖墙或者双层隔热木板墙等的保温隔热效果都好，且造价更低廉。秸秆纤维混凝土砌块作为一种新型的建筑材料，传热系数较小，具有很好的保温隔热性能。秸秆纤维混凝土砌块的保温隔热性能远远高于普通墙体，其保温性能是普通黏土砖墙体的近10倍。

评判任何一种环保型人工环境的最终标准就是这种技术能否给人类带来舒适和愉悦。一个空间的围合物如果散发着温暖的气息（保温板），总是让人在气温偏低的天气中感到舒适，同样地，在炎热的日子里坐在凉爽的墙壁旁边也会让人感到舒适。加了灰泥抹面的农作物纤维块墙既是超保温又是超隔热的。如果墙体设计合理的话，可以具备稳定的热辐射能力。

第三节 秸秆在建筑上的应用

利用秸秆作为建筑材料的途径大致分为三大类：一是通过物理方法压实秸秆，形成满足致密要求的墙体材料，包括秸秆砖和秸秆复合板，即生物质固化，然后直接使用；二是利用空心混凝土砖体，将捆扎在一起的秸秆压实体置于其孔洞内，并往秸秆压实体与砖体之间的间隙填充混凝土，即得到秸秆混凝土砌块；三是将秸秆细化处理后添加到混凝土中，即秸秆混凝土。国外对秸秆在建筑上的利用主要是通过物理处理，形成具有一定密实度的秸秆砖，然后直接使用。压实体与砖体之间的间隙填充混凝土。这种砌块适用于村镇建筑物，其加工工艺是两者分步制作，形成半成品，然后将秸秆压缩砖填充到混凝土空心砌块里形成成品。

一、秸秆砖

秸秆是农作物的茎叶部分，主要是玉米秆、稻草、棉花秆等。秸秆草砖砌块主要由秸秆打捆机加压而成，通常是长方形的。秸秆草砖所用的秸秆含水量一定要低于15%，在含水量大于15%的环境中，秸秆就会发霉，使材料本身变质。等天晴可以把秸秆晒干，然后测量其含水量。秸秆的热导率随材料密度的增大而减小，通过压实秸秆的方法可以提高秸秆的密度。但秸秆本身膨松，所以压实后容易变形，对建造秸秆草砖房屋不利，试验提出合理的麦秸砖墙密度范围为80~100千克/立方米。

秸秆砖房是以稻草、麦秸制作的秸秆砖为基本建材建成的，具有保温、保湿、造价低廉、节约燃煤、抗震性强、透气性能好和减少二氧化碳排放、降低对大气的污染、保护耕地等优点，是典型的资源节约型环保建设项目。用秸秆砖修建的房子四角是砖柱，可以承受屋顶的重量，地基和房梁也用砖石和木材，而墙体全部是整齐的秸秆砖，或称草砖。由于秸秆含硅量高，其腐烂速度极其缓慢，具有很好的耐用性。秸秆砖是含水量低于 15% 的秸秆或稻草经过秸秆砖机打压紧实后，再由金属网紧密捆扎而成的，每块长 90~100 厘米，高 36~40 厘米，厚 45~50 厘米，一块质量约 40 千克，密度通常在 80~120 千克/立方米。虽然是由天然脆弱的秸秆构成，经过这样的制作工艺后，1 平方米的秸秆砖可以承受超过 1 960 千克的压力。在砖柱框架基础上填充秸秆砖后、再用钢板网将秸秆砖和砖柱固定起来，最后再多次浇筑水泥。

秸秆砖的制作方式简单，农民在经过简单的培训后都能够掌握。现在有秸秆砖压制机，可以很快地将蓬松凌乱的稻草压制成砖块，再用铁丝捆扎加固，适当修剪后就可以投入使用了。这种简单使用的思路和方法在我国有很广阔的应用前景。

（一）秸秆砖的生产工艺

（1）收集。据观察，对于同期生产的秸秆，秸秆砖要保证防腐，而野草在潮湿时更易腐烂，故原料应不含杂草。

（2）压实。主要应用捆扎机，捆扎机压缩孔道的尺寸决定着秸秆砖的高和宽，通常小型尺寸为（32~35）厘米×50 厘米×（50~120）厘米，密度 80~120 千克/立方米，中型尺寸 50 厘米×80 厘米×（70~120）厘米，大型尺寸 70 厘米×120 厘米×（100~300）厘米或更大，通常可用在承重主体中，这类大型秸秆砖的密度为 180~200 千克/立方米。

（3）捆扎。捆扎线一定要足够结实且性质稳定，必须绷紧并且抗腐蚀，人工材料要好于天然材料，聚丙烯皮带是很好的选择。

（4）切割。若要把秸秆砖切割成所需规格，需借助秸秆转针设备的辅助将其重新捆紧，这种针带有手柄、针尖和针眼，可用结构钢简单地制成。

（5）贮存。秸秆砖必须贮存在干燥的环境中，不能直接接触地面，可在地面铺设塑料布等防水设施腾空架起或在其与地面之间放置托盘。同时，必须做好防雨设施，秸秆砖之间要留有一定的间隙。

（二）秸秆砖的性能

（1）动力特征。秸秆砖可以承受每米墙体工作面长度500千克的荷载（近似等于1 000千克/平方米），秸秆砖墙若在克服纵向挠曲方面有足够的稳定度，还可以承受更高的荷载值。如在建筑之前做好预应力处理，秸秆砖在物理承力方面完全可以胜任作为建筑材料。

（2）抗震。秸秆砖受到静荷载时，会有些许压缩现象，而当秸秆砖上的荷载被解除时，所有的秸秆砖都恢复了原状。正是由于秸秆砖的这种高度的韧性，秸秆砖作为建筑材料，在抗震方面能起到很重要的作用。

（3）隔音。秸秆砖的建筑隔声效果较好，并且秸秆砖在一定程度上还能吸收声音。

（4）隔热。秸秆砖建造房屋可以达到复合低能耗节能建筑材料的标准，即年耗能量不大于15千瓦时/平方米。事实上，秸秆砖用于诸如隔热层及填充板，并以其低成本及良好的隔热性能，用于保温性能差的房屋的密封隔热，是非常经济有效而且节能的方法。

（5）防火。抗火等级 F90，松散的秸秆易于燃烧，然而内外面均有抹灰的秸秆砖可以抗燃烧达 90 分钟（F90）。因此，墙体一旦建立起来，应马上喷涂，抹灰涂层可进行防火保护。

（6）防潮。干秸秆本身具有良好的吸湿性，但为保证秸秆砖的性能，秸秆砖的含水量应低于 15%，故应设立防水层，在利用秸秆砖建筑时，为使潮气很好地扩散，可在内表面设置水蒸气隔离层，外表面处理时应保证水蒸气能够溢出；为保证秸秆砖的干燥，建造者必须保证在最后一层灰泥添加之前，所有的灰泥都要干透，而这样也防止了霉菌的滋生。

（7）防虫防鼠。压实后的秸秆密度达 90 千克/立方米以上，可有效抵抗各种啮齿类动物的冲击。对于抹灰秸秆砖，老鼠则首先要穿过 3~6 厘米的涂层，这种情况并未发生过。在一些老的畜牧棚中，木头框架都有虫咬破坏，而秸秆本身却完好无损，加之秸秆砖又被充分压实，更难以啃咬。

（8）使用寿命长。秸秆材料的使用寿命很长，并已被一些西方发达国家所证实，最早的秸秆建筑距今已有 100 多年的历史了，且仍然可以居住（1886 年建于内布拉斯加州）。

我国由黑龙江省汤原县政府与安泽国际救援协会合作开展了秸秆砖房建设项目，2000 年启动，2004 年竣工。共建设秸秆砖房 186 套，总面积 1.26×10^4 平方米。2005 年该项目被联合国人居组织和英国建造与社会住房基金会授予"世界人居奖"。项目还采取了一系列激励措施，有效地提高了村民使用秸秆砖建房的积极性，从而促进了秸秆砖房在汤原县的快速推广。

二、秸秆复合板

秸秆复合板是指以麦秸和稻草为原料，参照木质刨花板和中密度纤维板的生产工艺，经改良而制成的人造板材，后工业时代，秸秆板走上了快速发展之路。以麦秸和稻草为代表的粮食作物秸秆，较之工业时代采用的蔗渣和亚麻屑，在纤维素和木质素含量上与木材更为接近，因而在木材紧缺的当下，它成为最具潜质的替代材料。

稻草板的生产工艺是瑞典20世纪30年代发明的，当今世界已有30多个国家用稻草之类的秸秆为原料，在不同气候条件下生产和应用这种板材。我国引进了两条稻草板生产线，年产量达 $1×10^6$ 平方米，可提供（2.5~3）$×10^5$ 平方米建筑面积的新型建筑板材。

稻草板的生产工艺简单，原料单一，建厂容易，是较易推广的新型建材产品。主要工艺流程：稻草进厂后用打捆机打成捆，外形尺寸约为 1 100毫米×500 毫米×350 毫米，重约22 千克；经过输送、开束、松散等工序分选后，合格的稻草经料斗入成型机；用挤压热压法把稻草压成板状，加热温度为150~220℃；不加胶料或黏结剂，只在板的上下两面贴牛皮纸，纸上涂一层胶与稻草粘住，板的两侧边也用牛皮纸包好贴上；然后通过输送辊送到切割机，切成所需的长度，两端切口也用牛皮纸条贴好，即成成品。

稻草板的优点如下：一是原料来源广，吃农业废料；二是块大体轻，便于施工作业；三是节能节水，生产1平方米稻草板耗电2.35 千瓦时，与目前的建材产品相比，耗能相对较低，生产过程中不用水；四是有广阔的农村市场。总之，稻草板的综合经济效益是显著的，使用效果也不错。尽管如此，人们还是担心，毛茸茸的稻草制成板不防火，又易燃；软绵绵的稻草压成板，强度也不会高。然而事实证明，由于工艺上压缩密实，排出了板芯的空气，又不含有机胶料，所以无论是力学性能还是耐火性能都是令人满意的。

三、秸秆混凝土砌块

利用农作物秸秆与水泥复合制作新型节能墙体材料——秸秆混凝土砌块，具有环保、生态、节能、保温、经济等优点，符合绿色节能环保的建筑标准，能带来明显的经济效益及社会效益。

（一）秸秆混凝土砌块的优点

（1）原材料资源丰富。我国作为农业大国，秸秆混凝土砌块的原材料资源丰富，生产成本低，使用周期长。可以解决城镇居民的住房保温功能需求，拉动城乡的建筑市场发展，延伸了产业链。

（2）节能环保。农作物秸秆本身具有良好的热绝缘性，生产的秸秆混凝土砌块保温性能好，改善了围护结构的热工性能，降低了建筑物能耗，具有传统纯秸秆砌块和混凝土空心砌块的优点，同时弥补了两者的不足，避免了出现如混凝土空心砌块的保温性能较差及秸秆砖墙体强度较低的问题。

（3）改善建筑环境。秸秆混凝土砌块制作材料健康无污染，具有一定的调湿功能，维持室内温、湿度较稳定，能保持较好的适合健康居住的空气品质。同时，秸秆砌块房的抗震性能、隔音效果优良。

秸秆混凝土砌块建筑是集社会效益、经济效益和环境效益于一体的新型节能建筑材料，在国家推进建筑节能改革以及绿色可持续发展的大环境下，全面推广热工性能优越、舒适度高的混凝土夹心秸秆砌块建筑，对推动建造节能住宅，缓解环境与能源危机，有着重大的现实意义。

（二）秸秆混凝土砌块的制作

秸秆混凝土砌块的制备是先制作混凝土空心砌块，然后再制作秸秆压缩块，最后用秸秆压缩块插孔制成。砌块采用的尺寸为 390 毫米×190 毫米×190 毫米（长×宽×高），所用的材料见表 7-1。

表 7-1　秸秆混凝土空心砌块制备用料

材料名称	水泥	粉煤灰	沙	碎石	聚丙烯纤维
材料规格	P. C 32.5	Ⅲ级灰	细度模数为 3.2	5~10 毫米	—

四、秸秆混凝土

秸秆混凝土是对农作物秸秆做细化处理，添加至混凝土里，放入模具成型后，养护使用。将秸秆添加到混凝土中制成的秸秆混凝土能够降低混凝土的原料成本，减少自重，提高保温性能，增加混凝土的延性和抗裂性。农作物秸秆含有丰富的纤维素、半纤维素和木质素等，其纤维结构紧密，有较好的韧性和抗拉强度。掺入混凝土内部呈三维乱向分布，当混凝土因早期受收缩应变所引起的裂缝时，纤维能跨越微裂缝区域传递荷载，改善混凝土内部的应力场分布，增加裂缝扩展的动能消耗，进而约束裂缝扩展。同时，当混凝土承受外部拉力时，内部的植物纤维能提供拉结拉应力，吸收混凝土表面裂缝处的应力，进而提高混凝土的阻裂性能和抗拉性能。

秸秆细化分为两种形式：一种是直接粉碎即只改变秸秆的物理尺寸，另一种是将秸秆煅烧改变其化学组成。粉碎处理添加法是指先将农作物秸秆粉碎成定尺寸的秸秆碎料，将秸秆碎料和混凝土按照一定的配合比混合并搅拌均匀后，经一定的加工工艺成型、养护，脱模使用。该产品与空心混凝土夹心秸秆压缩砖砌块相比，优点突出，效果明显，不仅大幅度提高秸秆用作墙体材料的强度，而且克服了加工成本偏高的缺点。

目前,解决秸秆纤维与水泥的相容性问题是秸秆混凝土发展的关键,目前虽然提出了一定的处理办法,但是过程繁杂,耗费人力、物力,不适宜规模生产,又或者是所添加的化学剂有一定的毒副作用。如何改善纤维与水泥的相容性,在未来仍然是秸秆混凝土研究的重点和难点。确定各种农作物秸秆的结构构造、纤维属性以及破碎方法和适用范围,针对不同要求选用相适宜的秸秆纤维,对于有效利用农业秸秆混凝土极为重要。因此,应针对不同的农作物秸秆,开发出规范化、标准化和科学化的破碎方法和筛选方式,提高生产混凝土的效率。还应在提高秸秆混凝土制备技术与强度等级的前提下,深入研究秸秆混凝土在自然环境及极端环境下的性能,确保其应用于高层建筑、路基以及隧道等大型结构中的可靠性和合理性。

第二篇　畜禽粪污资源化
综合利用技术

第八章　畜禽粪污源头减量技术

第一节　饲料减量技术

一、氮、磷减量技术

畜禽粪尿中的氮、磷主要有两个来源，一个是来自饲料中未消化吸收的氮、磷，另一个是机体新陈代谢自尿中排出的氮、磷。按猪生产全程统计，母猪粪尿中排出的总氮量为饲料氮含量的 73%~76%，总磷量占饲料总磷量的 75%~80%；育肥猪粪尿中氮排出量占饲料氮摄入量的 65.9%~66.8%，磷排出量占饲料摄入量的 62.5%~66.8%。对于家禽粪便，排泄物中的氮、磷除上述来源外，还包括了脱落的皮屑和羽毛等来源。奶牛日粮中氮的 25%~35%存留于奶中，其余 65%~75%通过粪尿排出。

（一）氮减量技术

畜禽对饲料蛋白质需要的实质是对氨基酸的需要，构成蛋白质的氨基酸是畜禽生长发育和生产时所必需的。根据氨基酸能否在畜禽体内合成，氨基酸被分为必需氨基酸（在畜禽体内无法合成，需依赖饲料中提供的氨基酸）和非必需氨基酸（畜禽体内可以利用碳水化合物和含氮物质合成）。畜禽所需的氨基酸主要由植物性蛋白饲料提供，由于植物性蛋白饲料氨基酸构成与畜禽对必需氨基酸的需要有一定的差异，完全满足畜禽氨基酸需要通常需要较高的日粮粗蛋白水平。氨基酸工业的发展和氨基酸平衡技术为解决这一问题提供了行之有效的解决方案。即适当降低日粮粗蛋白水平并补充畜禽生长或生产的必需氨基酸，在不影响畜禽生产性能的同时，降低饲料粗蛋白水平，减少粪便中氮的排泄。

1. 猪场氮减量

蛋白质及氨基酸平衡是影响猪氮减量和生长的重要因素。为减少氮的排放，最为直接有效的措施就是在可利用氨基酸平衡的前提下减少饲料蛋白水平。研究表明，根据理想蛋白和可消化氨基酸模式，添加必需氨基酸，可将蛋白水平下降几个百分点，而不影响猪的生长。饲料粗蛋白水平平均每降低 1 个百分点可减少总氮排泄量 8%~10%，最多可减少 35%~40%。

对于仔猪，由于传统饲料偏好高蛋白，所以降低其饲料粗蛋白水平的空间较大。若将仔猪饲料粗蛋白从 24% 降到 18%，粪氮排泄可降低 28.3%。一般认为，饲料粗蛋白水平每下降 1%，氮的排放就会降低 8% 以上，但过度降低蛋白水平会损害仔猪消化道，影响其生长发育。最近的研究表明，将仔猪（9~20 千克体重阶段）饲料粗蛋白从 20.36% 降低到 17.39% 的同时补充赖氨酸、蛋氨酸、苏氨酸和色氨酸不影响其生长，但对氮的减量效果显著。

对于生长肥育猪，将饲料粗蛋白水平（25～60千克生长阶段）从16.14%降低到14%，可减少粪氮排放1/4，对生长性能无不良影响。将玉米豆粕型肥育猪饲料粗蛋白水平从商品猪料的16%降低到13%不影响肥育性能，但粪氮减少了28%。

由于猪饲料中杂粮比例较高，导致饲料蛋白等养分消化率较低，不但对猪的生长速度和肉品质有负面影响，而且提高了粪氮的排放。在此情况下，补充氨基酸，满足可消化氨基酸的需要，降低饲料粗蛋白水平，可以全部或部分消除杂粮的负面影响，降低粪氮排放。在配制60～90千克肥育猪无豆粕饲料时，将蛋白水平将13%降低到11%～12%，并在可消化基础上平衡氨基酸，可取得更好的饲养效果，明显减少猪尿液总量和尿氮排出量，同时，也能够降低猪粪臭味物质含量。

2. 鸡场氮减量

在满足能量需要的前提下，以目前普遍采用的蛋鸡饲料粗蛋白水平（16%CP）为基础，降低饲料粗蛋白含量2%～3%，同时补充晶体氨基酸，使其必需氨基酸含量保持在正常营养水平。与常规营养水平饲料相比，补充必需氨基酸和甘氨酸后，13%的日粮粗蛋白水平对蛋鸡产蛋后期生产性能没有显著影响，预期可降低蛋鸡氮排泄量10%以上。

通过提高饲料蛋白的消化率和可消化蛋白（可消化氨基酸）的沉积率，能减少肉鸡的氮排泄量。由于我国优质蛋白饲料匮乏，饲养成本高，在可消化氨基酸平衡的前提下，通过应用低蛋白饲料配制技术来降低肉鸡粪氮和尿氮的排放，是一套可行的技术措施。通过平衡必需氨基酸含量，可将肉鸡饲料蛋白水平降低2～3个百分点，在不影响肉鸡生长速度的前提下降低粪氮的排放。此外，多种饲用酶制剂都有提高肉鸡蛋白质消化率

的作用，尤其能提高杂粮等低档替代性原料蛋白质消化率，部分抵消因杂粮替代豆粕导致的蛋白质消化率降低的问题，此途径也可减少肉鸡的氮排放量。

3. 牛场氮减量

奶牛生产中日粮 25%~35% 的氮转化为乳蛋白，其余通过粪尿排出。提高瘤胃微生物合成效率，降低日粮蛋白水平并适当提高过瘤胃蛋白比例，添加过瘤胃保护氨基酸等措施，均可以有效减少粪尿中的氮排放。

奶牛氮减排措施可归纳为以下 3 个方面。

（1）降低日粮 NDF 水平并适当增加淀粉比例，可以提高瘤胃微生物的氮利用效率，取得与低蛋白日粮相似的效果。

（2）降低瘤胃可降解蛋白质水平并避免使用高蛋白日粮。当日粮提供的粗蛋白超出了奶牛的营养需要，多余的氮素需要消化代谢掉，粪氮和尿氮排泄量都会增加。通过降低日粮中粗蛋白质的含量，可以减少奶牛氮素排泄量。通过定期监测牛奶尿素氮可以判断日粮蛋白质供应是否过量，牛奶尿素氮正常值为 14~16 毫克/100 毫升，如果牛奶尿素氮值过高，说明奶牛日粮蛋白质水平可能偏高。

（3）在日粮中使用保护性氨基酸，能够促进微生物蛋白的合成，使微生物所需要的部分氮由氨基酸提供。利用瘤胃保护性蛋氨酸和赖氨酸平衡日粮氨基酸，可以降低日粮蛋白质水平，提高日粮蛋白质利用效率，减少奶牛粪尿中氮的排放量。例如，在低粗蛋白+过瘤胃氨基酸日粮模式中，通过添加赖氨酸、蛋氨酸、苏氨酸、苯丙氨酸，使日粮粗蛋白水平降低 1 个百分点（由 15% 降低 14%），泌乳牛的产奶量仍然可以保持在 30 千克/天的较高水平。

（二）磷减量技术

磷是畜禽生长与生产的必需矿物元素，在动物机体发育与生产中发挥多种重要的作用，包括骨骼形成、能量代谢、蛋的形成等。畜禽体内的磷来源于饲料中所含磷的消化、吸收。谷物类饲料中，50%～85%的磷以植酸盐形式存在。对于畜禽而言，由于消化道内缺乏植酸酶，因此，以植酸盐形式存在磷无法得到有效利用。为了满足畜禽对磷的需要，饲料中一般需要添加无机磷，以满足畜禽生长和生产的需要。

植酸酶为胞外酶，在动物、植物和微生物中广泛存在。在畜禽配合饲料中添加植酸酶，可以提高畜禽对植酸磷的利用率，从而减少在饲料中添加的无机磷水平，进而有效减少磷的排放量。

1. 猪场磷减量

在猪饲料磷的减量方面，植酸酶的开发和应用已经收到良好的效果。在仔猪饲料中添加 1 000 单位/千克植酸酶，同时降低有效磷 0.2 个百分点，总磷表观消化率可提高 25%，相应磷排放可减少 49.4%。在肥育猪饲料中添加 500 单位/千克植酸酶，同时降低总磷 0.1 个百分点可减少磷排放 21%～23%。一般而言，饲料中添加植酸酶可使猪粪便中磷的排泄量减少 20%～50%。植酸酶与有效磷之间存在当量换算关系，1 单位植酸酶相当于 2~4 毫克有效磷。另外，准确判断猪对磷的需要量并测定饲料原料中总磷和有效磷的含量，也有助于减少饲料中无机磷的过量添加。

在实际生产中，要获得良好的磷减量，需把控以下几点。

（1）一般仔猪阶段添加植酸酶 500 单位/千克，生长猪阶段添加植酸酶 300 单位/千克，肥育期阶段添加植酸酶 250 单位/千克，均可降低日粮中 0.1 个百分点的非植酸磷。

（2）添加植酸酶的情况下还必须保证非植酸磷（或有效磷）含量，以免影响猪的生长。其中仔猪（断奶~20 千克）为 0.20%，生长猪（20~80 千克）为 0.15%，肥育猪（80 千克至出栏）为 0.10%。

2. 鸡场磷减量

我国肉鸡饲料的绝大部分为植物性原料，而植物性饲料原料中总磷的利用率较低，有效磷仅为总磷的 1/3，大部分磷随粪排出体外。实际生产中配制鸡饲料时，通常要添加 1%~2% 的磷酸氢钙等无机磷源补充饲料中有效磷的不足。而无机磷源的磷利用率也不是 100%，导致大量的磷排放到环境中。

植酸酶是专一降解饲料中植酸（肌醇六磷酸）的酶制剂，可将植酸的磷酸根释放出来，给鸡生长提供有效磷。向鸡饲料中添加植酸酶可有效提高饲料中磷的利用效率，减少无机磷的添加量。在产蛋鸡日粮中植酸酶的添加量一般在 300~500 单位/千克。例如，在保证良好生产水平的前提下（以产蛋率、日产蛋量和饲料报酬），植酸酶添加量为 150FTU/千克、300FTU/千克和 400FTU/千克，饲料适宜的无机磷添加水平分别为 0.18%、0.15% 和 0.14%，与常规营养水平饲料（有效磷含量 0.40%）相比，无机磷添加量减少 55% 以上，磷的排放量随之相应降低。按两阶段饲养的肉鸡，生长前期非植酸磷含量为 0.25%~0.35%，钙为 0.85%；生长后期非植物酸磷含量为 0.2%~0.3%，钙为 0.72%；同时在前后期饲料中均添加 500~1 000 单位/千克植酸酶。

3. 牛场磷减量

磷减量的最有效措施是在满足奶牛磷营养需要的前提下，降低日粮磷水平，确保日粮提供的磷与奶牛需要磷的量尽可能一致。高产奶牛日粮干物质中磷含量应不超过 0.36%~0.38%。

日粮中 0.35% 的磷水平即可以满足日产奶 25~30 千克的泌乳牛的生产需要。

植物性饲料中的植酸磷在奶牛瘤胃内被降解，降解率约在70%以上。因此，提高奶牛饲料磷利用效率的方法是提高瘤胃微生物发酵的因素。在奶牛 TMR 日粮中添加外源植酸酶（每千克 2 000~6 000 单位 DM）也可以提高磷的利用率，在TMR 混合日粮中植酸酶即可发挥作用，减少粪尿中磷的排放量。

二、抗生素减量

近年来，随着我国畜牧业的飞速发展，由此引发的生态环境问题也日益凸现出来，涉及抗生素及其残留、细菌耐药性、抗生素环境污染的报道不时见诸报端，引起了社会的广泛关注。

调查发现，当前我国规模化畜禽养殖过程中，抗生素使用量较大。以年出栏万头商品猪的养殖场估算，每年使用各种抗生素费用局达 80 万~100 万元。根据调研数据推算，全国畜禽养殖场每年耗费抗生素费用约 200 亿元。抗生素的大量使用，直接导致肉、蛋、奶等产出品品质的低下，对肉类食品供应品品质带来严重威胁，并通过食物链危及人体健康。

抗生素是生物（主要是真菌、放线菌或细菌等微生物）在其生命活动过程中所产生或由其他方法获得的，能在低微浓度下有选择地抑制或影响它种生物功能的有机物质。抗生素被广泛用于人类医疗、动物疾病控制和预防，以及种植业和工业。

抗生素在畜禽养殖中发挥着重要的作用，目前，全球至少有 70% 以上的抗生素被用于畜禽养殖业，在全球范围内几乎所有地区都采用使用抗生素治疗或预防畜禽疾病来实现增加动物产品产量、提高经济效益的目的。这些抗生素在使用过程中大多无法被动物完全吸收，有 40%~90% 的药物以母体或代谢物的形式排出动物体外，其中，畜禽粪便作为有机肥使用是抗生素进入农田土壤环境的主要途径之一，由于多数抗生素结构稳定以及反复使用，进入土壤后，可以改变并增强土壤某些微生物种群的抗性基因，使之成为潜在的环境生态为害。另一方面，由于常用的抗生素药物较之农药、多环芳烃等其他土壤环境污染物有较强的水溶性，因此，这些在土壤中的抗生素容易随水流在土壤中垂直渗透而进入地下水循环系统，从而对整个生态圈及人们日常饮食造成潜在的不利影响。

第二节　养殖节水减量技术

畜禽场养殖节水减量主要可以从三个方面进行：一是饮水系统防漏减量；二是生产工艺与管理用水减量；三是雨污分离防止雨水进入污水池实现减量。

一、饮水系统减量

（一）猪场饮水系统节水

猪场的用水去向主要有 3 个方面：一是饮用（含少量员工生活用水）；二是冲洗（含消毒）栏圈；三是喷淋降温。然而，由于不合理的管理和利用，这其中大部分成为猪场污水。因此，深入研究猪场在给水系统工艺的节水措施，加大养猪自动饮水设备的改进，从猪场污水产生的源头入手，进一步降低生猪养殖过程中污水的产生量，对生猪养殖持续发展具有重要意义。

1. 猪场常用饮水器以及存在的问题

猪场饮水器产生污水的原因除了畜禽饮水时从嘴角流出或者玩水所致的漏水以外，还因饮水器密封胶圈和回位弹簧出现老化问题，以及因水压过大致水流速度过快而产生的漏水。

养猪场供水系统跑冒滴漏现象可以浪费水资源 5%~10%，粪污量也相应地增加 5%。

2. 饮水系统节水

生猪饮水是养殖用水中重要的一环，猪场饮水系统整体设计应当遵循以下原则。

（1）猪场供水系统水压应合理控制，水压越高浪费水量越大。根据不同的猪群以及饲养密度计算供水量、水压。

（2）饮水器的位置设计必须方便猪只饮用，尽量缩短采食与饮水的距离，每个饮水器与障碍物或其他饮水器之间至少应留出一头猪体长的距离。

（3）饮水系统开始端设计要考虑安装加药系统。建议每个阶段猪只设计加药系统；分娩舍考虑到母猪和仔猪的水压、水温和是否加药的差异，要设计两套饮水线。

（4）哺乳母猪建议设计两套饮水器，使得母猪在躺卧或站立的时候都能够饮到充足的水。

（5）建议每栋猪舍安装水表，可以实时监测猪群的饮水状况。

（6）建议哺乳仔猪和保育仔猪选择鸭嘴或乳头式饮水器，这样能够保证小猪饮到新鲜水；育肥猪选择碗式饮水器，保证猪只能够饮到充足的饮水，而且能够节约用水。

（7）不同饮水器在不同的猪舍温度环境下浪费水量差别极大，寻找不同猪舍环境下适宜的饮水器类型可以节约用水，调控猪舍环境温度可以节约夏季用水量。

（二）鸡场饮水系统节水

鸡场污水的主要来源包括饮水系统漏水、鸡只戏水及反冲洗用水三种，养鸡场废水对水体的污染日益严重。在蛋鸡场，鸡粪与散落的残食、饮食滴落水及粪槽冲刷水掺合会形成鸡粪

农作物秸秆与畜禽粪污资源化综合利用技术

混合液。鸡舍需要经常冲刷，由此会产生大量废水。

1. 鸡场常用饮水器存在的问题

除家禽饮水时从嘴角流出所致的漏水和鸡只戏水以外，还有因饮水器密封胶圈和回位弹簧出现老化等，或者密封面夹有水垢杂质等产生的漏水，以及因水压过大致水流速度过快而产生的漏水。使用乳头饮水器对水质要求比较高，水线没有安装好或饮水给药后没及时清洗水线，都容易造成给水系统中形成生物膜，造成水路阻塞；使用乳头饮水器对周围环境要求比较高，环境温度过高或过低，都会影响饮水乳头或水管的质量，出现变形、变质、破裂和漏水等现象。

2. 饮水系统升级改造

研究表明，通过鸡舍饮水系统升级改造可以节省用水量，达到节水减量的目的。通常从饮水器的高度、角度以及控制水流速度等角度来减少鸡场污水的产生。

此外，应选择产品质量合格、密封性好的乳头式饮水器，定期检修维护和更换；供水管道建议均使用 PVC 管材或者不锈钢管材，不会锈蚀，以减少管道堵塞；供水系统的水压应符合鸡的饮水特点，切忌水压过高；水质应符合《生活饮用水卫生标准》（GB 5749—2006）；保持适宜的鸡舍温度，防止因舍温过高鸡只戏水导致水的浪费；通过饮水给药后，应及时冲洗，防止管道内产生积垢堵塞；定期对水线进行反冲洗或在饮水系统中添加微酸性电解水，防止饮水系统内壁形成菌膜。

（三）牛场饮水系统节水

水是生命之源，对于牛而言也是如此。肉牛一般每天至少饮水 4 次以上，饮水量因环境温度和采食饲料的种类不同而有较大差异，一般每天饮水 15~30 升。奶牛饮水量不足，产奶量必定下降，而随着产奶量的提高，日饮水的绝对量也增加。因此，合理的饮水系统设计，对于减少牛场污水的产生具有重要的作用。

1. 牛场常用饮水器以及存在的问题

牛场饮水系统使用产生的污水主要来自牛只戏水、饮水系统的不合理使用（水料同槽）造成的水浪费。

2. 饮水系统升级改造

饮水系统节水改造：饮水器最好安装在牛舍外侧墙处；饮水系统日常清洗用水应进行单独收集，避免流入清粪通道或采食通道，收集后的清洗用水经沉淀过滤可进行二次使用；采用饮水槽的牛舍，应在水槽内增加过滤网；在清洗水槽时，先取出过滤网将饲料残渣清除后再行冲洗；饮水器周围设置100毫米的止水围挡，以减少清洗水溢流面积。

针对寒冷地区拴系式饲养的牛舍，设计由加热水箱、饮水杯、循环进出水管、温度控制器构成的恒温饮水系统，解决了北方冬季拴系的生长育肥牛的饮水问题。安装饮水器后用科学的方法饮水，供水流畅方便，避免水料同槽，减少牛的发病率；使牛能自由饮水，减少牛冬天喝大量凉水造成的冷应激，减少水资源浪费，达到节水减量的目的。

二、生产管理用水减量

规模养殖场的污水主要由畜禽的尿液、进入粪沟（池）的雨水、动物嬉戏洒漏的饮水和生产管理用水，以及随水进入的粪便组成。其中，生产管理用水包括圈舍、饲槽、地面和设备清洁冲洗水等。一个自繁自养的年出栏万头的猪场一天至少用水100吨，而生产管理用水量一般占猪场用水总量的65%左右，所以，做好生产管理用水减量是减少畜禽养殖场污水总量的有效方法。

第三节　粪便收集方式

一、猪场清粪技术

　　猪场的不同粪污收集与转运方式显著影响猪场的粪污量与有害气体排放量。就粪尿量而言，有统计显示，传统的一个自繁自养的万头猪场，采用水冲粪清粪模式，每天产生粪污约 150 吨，采用水泡粪清粪模式，每天产生粪污约 60 吨，采用机械式刮粪板清粪模式，每天产生粪污约 30 吨。

　　液泡粪系统是国外猪场普遍采用的一种粪污收集模式，因其具有工程造价与运行费用低、省人工、粪污收集与转运方便、耗水较少等优点，近几年在我国得到迅速推广。目前，我国大部分规模化猪场均采用这种粪污收集模式。然而，随着养殖规模扩大，液泡粪收集工艺的问题也随之凸显，主要表现在以下方面：一是采用液泡粪时，猪舍多采用全漏缝地板，粪尿在舍内存放时间长，发酵过程中产生大量的有害气体，因此，采用这种方式时，猪舍普遍比较臭。二是由于我国大部分猪场没有足够的土地配套来容纳粪污，普遍需要进一步无害化处理。由于猪粪本身特点，经舍内存放发酵后呈稠浆，干湿分离较困难，成本较高，且氮、磷等成分多存于污水中，导致污水中 COD 含量高，干粪肥效差。三是采用这种工艺收集时，每次排粪时需要向粪池中注满足够的水，用水量增加。虽然这部分水可以污水回用，但显著增加了干湿分离成本。由此可知，液泡粪系统在收集阶段降低了成本，但后期处理难度较大。

二、牛场清粪技术

我国牛舍的清粪方式主要包括人工清粪、铲车清粪、水冲清粪、机械刮板清粪等。人工清粪是人工利用铁锨、铲板、笤帚等将粪收集成堆，人力装车或运走的一种清粪方式，是我国小型奶牛场或奶牛养殖小区的主要清粪方式。这种方式简单灵活，但工人工作强度大、环境差，工作效率低，人力成本也不断增加，这种清粪方式亟待被新的方式取代。

铲车清粪方式在我国规模化奶牛场中普遍存在。清粪铲车通常由小型装载机改装而成，推粪部分利用了废旧轮胎制成一个刮粪斗，更换方便，小巧灵活。驾驶员开车把清粪通道中的粪刮到牛舍一端的积粪池中，然后通过吸粪车把粪集中运走。由于铲车体积大，工作时噪音大，容易惊吓或伤害奶牛，一般只能在奶牛挤奶暂离牛舍的时候进行清粪，清粪次数有限，牛舍通道内牛粪积攒较多，且运行成本较高，很不实用。

水冲清粪系统是将牛舍粪污由舍内冲洗阀冲洗至牛舍端头的集粪沟，再由集粪沟输送至集粪池后做固液分离处理，分离后的液体作为牛舍循环冲洗系统的水源。该系统省人力、劳动强度小、工作效率高、能频繁冲洗，保证牛舍的清洁、卫生。该工艺技术不复杂，但污水处理系统的基建投资和动力消耗很高，在我国奶牛场中很少使用。

刮板清粪方式通过电力驱动，链条带动刮粪板在牛舍来回运转进行自动清粪，是我国规模化奶牛场普遍使用的清粪技术。该系统在不影响奶牛正常活动的情况下可及时清理牛舍过道中的粪污，保持牛舍清洁，具有省人工、噪声低、运行成本低等优点。地面温度低于-0.4℃时，刮板运行受阻。因此，在寒冷地区使用刮板时，需要对门口、墙体附近的局部区域进行供暖或加热。在我国东北地区很多奶牛场设计两套清粪系统，寒冷季节采用铲车清粪，其他时间则采用刮板清粪系统。

三、鸡场清粪技术

刮板清粪方式是我国阶梯笼养鸡舍和网上平养鸡舍普遍采用的集粪模式。刮板清粪工艺取代人工清粪方式，大幅度节约了人工成本，提高了劳动生产效率。但鸡舍刮板清粪技术上存在一系列问题。

一是粪沟施工不当造成沟底和侧墙不平直等导致粪便很难刮干净。

二是乳头饮水器漏水等导致低洼处积水，粪水混合发酵导致舍内有害气体挥发增加。

三是钢丝绳等作为牵引绳时易被腐蚀，需要经常更换；尼龙绳的耐腐蚀性强，但易变性，沾水后容易打滑，导致牵引绳过松、刮板运行慢等。

四是所收集的粪便稀，含水多。当鸡舍湿度较低时，鸡粪中水分大量挥发，鸡群换羽时鸡粪中混入大量的羽毛，导致鸡粪含水率过低甚至出现板结的现象，这给清粪带来难度。有的饲养员为了清粪方便，在清粪前往粪沟内加水进行稀释。日常操作中冲洗鸡舍的水也会流入粪沟。导致鸡舍环境差、粪便的后续处理难度大等。

五是采用刮板清粪时，系统末端与舍外的集粪池之间的开口大，密封性差，严重影响负压通风效果。

第四节　粪便贮存方式

粪便肥贮存是畜禽养殖和粪污处理对接的重要一环，其上游工序是畜禽舍内粪污收集，下游工序是养殖场废弃物处理。源头减排模式旨在从源头减少养殖场对外界的污染，降低后续粪污处理环节的负担以及对外界环境污染的风险。

一、粪便贮存

粪便贮存过程中会向外界释放 CO_2、CH_4、NH_3 和氮氧化物等气体，并产生传播疾病的蝇蛆。要避免这些问题的发生，一种方法是尽量在贮存过程中使粪便朝着无害化的方向发展，另一方法要把握好贮存周期，尽快将粪便转移。列出以下方法供读者借鉴。

（一）覆盖

通过在粪堆上覆盖一些物料以减少气体的挥发。有研究表明，在 $17.23 \sim 30.35℃$ 的环境温度下，塑料薄膜的覆盖能够减少 N_2O 排放量的 94.85% 和 CO_2 排放量的 88.85%；然而 CH_4 只是在贮存 $0 \sim 9$ 天有所减少，后期大幅增加，这是由于堆体内形成厌氧菌的缘故。所以，采用该法贮存粪便贮存周期控制在 1 个星期。

覆盖稻草和锯末不同程度地影响猪粪贮存温室气体及氨气的排放。相关研究表明，春夏季猪粪贮存，覆盖稻草或锯末都会增加 CO_2、CH_4、N_2O 的排放量；秋冬季节猪粪贮存，覆盖稻草会减少温室气体排放总量；覆盖稻草和覆盖锯末对 CH_4 的减排效果较为明显，对 NH_3 的减排效果则差一些。

（二）加入发酵辅料

贮存过程中加入辅料能够减少有害气体的排放，如木屑、稻草和磷石膏。研究表明，用高碳添加剂如秸秆来提高肥料堆的碳含量可以有效减少 N_2O 和 CH_4 的排放量。由于高碳添加剂可以增加储存初期的畜禽粪便 C:N 比、粪便干物质含量，以及调整粪便排风孔隙基于此法，N_2O 的总排放量能减少 57%，CH_4 的总排放量能减少 13%。

（三）反应器贮存

将堆肥反应器作为粪便贮存设施，直接把贮存和处理工序合二为一。该设备采用耗氧发酵工艺，能够将储存在其中的粪便转化为有机肥料。一个生产周期或贮存周期为 10~12 天。该法的优点在于高度机械化和自动化、发酵产生的臭气通过专门的除臭器进行处理、无须建造集粪室或有机肥厂房，缺点是设备投资成本较高。

二、污水贮存

充分曝气的氧化塘能够减少 CH_4 和温室气体的排放，而氮氧化物和 NH_3 的排放会分别增加 126.5% 和 86.4%。研究表明，曝气过程需要 13 千瓦时/立方米的额外能量输入，同时，贮存过程中 CO_2 排放量从 53.32 千克/立方米增加至 61.90 千克/立方米，从综合减排的效果考虑，氧化塘贮存更佳。

厌氧池的顶盖最好用木盖。用切碎的秸秆覆盖会增加 CH_4、NH_3、N_2O 和温室气体的排放，同时，也不利于雨污分离。

第五节　低碳减量技术

农业具有减缓和适应气候变化的先天优势和属性，通过加快推广应用源头减污减碳、节能节水、环保高效等技术，加快农业供给侧改革和农业增长方式的转变，在提高农业生产效率的同时，实现减源固碳，凸显农业生态功能与作用，促进农业低碳、绿色、可持续发展，为实现我国政府承诺的温室效应气体（GHG）减排目标和应对全球气候变化做出重要的积极贡献。

养殖场生产过中主要排放 CH_4、N_2O 和 CO_2 3 种温室气体。CH_4 主要来自肠道发酵和粪便管理过程中的排放，N_2O 排放主要来自粪肥，CO_2 主要来自养殖场通风、供暖和设备运转的能源消耗。

一、牲畜肠道发酵 CH_4 排放及控制

牲畜肠道发酵向环境排放 CH_4。反刍牲畜（例如牛、羊）是 CH_4 的主要排放源，而非反刍牲畜（例如猪、马）产生中等数量 CH_4。饲料在家畜消化系统中发酵产生 CH_4 的排放量取决于消化道的类型、家畜的年龄和体重以及所采食饲料的质量和数量。采食量越高，CH_4 排放量就越高。但是，CH_4 的产量大小亦可能受日粮组成成分的影响。采食量与家畜大小、生长率和产量（如奶产量、羊毛生长或妊娠）呈正相关。

二、粪便管理中的 CH_4 及 N_2O 排放及控制

CH_4 排放：粪便管理中的 CH_4 排放量往往小于肠道排放量。影响粪便管理中排放的主要因素是粪便产生量和粪便厌氧降解的比例。前者取决于每头家畜的废物产生率和家畜的数量，而后者取决于如何进行粪便管理。储存装置的类型、储存温度和滞留时间极大地影响到 CH_4 的产生量。当粪便以液体形式储存或管理时（如在化粪池、池塘、粪池或粪坑中），粪便厌氧降解，可产生大量的甲烷。当粪便以固体形式处理（如堆肥发酵）或者在牧场和草场堆放时，粪便处在好氧的条件下进行降解，产生的甲烷较少。

N_2O 排放：粪便在施入土壤或用作饲料、燃料等之前，粪肥储存和管理所产生的 N_2O 直接排放和间接排放，取决于粪便中的氮含量和碳含量，以及储存的持续时间和管理方法的类型。

农作物秸秆与畜禽粪污资源化综合利用技术

N_2O 的直接排放源自粪肥中所含氮素的硝化和反硝化作用。硝化作用指氨态氮氧化成硝态氮的过程，是家畜粪便产生队 N_2O 排放的必要先决条件，需在氧气充足的条件下才能发生。因此，采用厌氧方法处理粪便，不发生硝化作用，也不产生 N_2O 的直接排放。采用好氧方法处理粪便，在氧气供应不充分甚至成为厌氧条件时，通过消化作用生成的亚硝酸盐和硝酸盐将被转变为 N_2O 和 N_2。研究认为，N_2O 与 N_2 的比例随着酸性、硝酸盐浓度的增加和水分减少而提高。

三、能源消耗温室气体排放及控制

畜禽生产过程中，饲料加工运输和畜舍的通风、夏季降温、冬季加温等过程，需要用电、汽油、柴油和煤等能源，能源消耗过程中会产生二氧化碳温室气体的直接排放和间接排放。

第九章　畜禽粪污清洁回用技术

第一节　收集方式

清洁回用模式在粪便收集环节实施减量化原则。畜舍产生的粪便通过清污分流、粪尿分离、干湿分离、发酵床养殖和网床漏缝集粪等形式粗分为干粪和粪水。干粪和粪水分别通过粪便收集系统和粪水收集系统收集后进行贮存利用。粪便收集方式必须与粪便后期的贮存、处理和利用工艺相匹配，保障粪便收集、处理和利用的科学性和可行性，降低成本。

一、干粪收集方式

适合清洁回用模式的粪便收集方式主要有干清粪、牵引刮板清粪、移动车辆清粪和水冲清粪等。

（一）干清粪方式

干清粪工艺的主要方法是，粪便一经产生就将粪和尿等废水分离，并分别清除。干粪由机械或人工收集、清理至贮存场；尿及冲洗用水则从排污道流入粪水贮存池。

干清粪方式可以降低粪水中污染物浓度，最大限度保存固体干粪肥效，减轻粪便后端处理和利用的压力。

（二）人工清粪

人工利用铁锹、铲板、扫帚和推车等工具将粪便从舍内清运到集粪池存放待用。人工清粪的优点是投资低、简单灵活、易操作，缺点是工人劳动强度大、工作环境差、清粪效率低，适用于小规模畜禽养殖场。

（三）牵引刮板清粪方式

牵引刮板机械一般包括主机、滑动支架和粪便刮板三部分。由专业机械厂按照猪、牛、鸡、羊等不同畜种养殖栏舍尺寸大小设计安装。栏舍一端的外面需要配套集粪池等设施，集粪池容积大小要根据每天刮出的粪便量及停留时间长短来确定。这种方式操作简单、使用方便、安全可靠、清粪频率可调、运行噪音低、对畜禽影响低，极大地减少了劳动强度，但设备初期投资相对较大，需要后期维护，适用于非发酵床养殖的畜禽养殖场。

（四）移动车辆清粪方式

清粪移动车分铲粪车和吸粪车两种机械。定期或不定期用铲粪车或吸粪车将栏舍粪便铲（吸）运送到贮粪点存放待用。

这种方式劳动强度小、操作灵活方便、提高工作效率，但对栏舍设计要求较高，需要设计机车清粪专用通道，栏舍建设投资及机车购置维护费用较大，操作过程噪声大对畜禽易产生应激影响。一般只适用于大型规模养牛场使用。

（五）水冲清粪方式

水冲清粪方式是用水将舍内粪便冲到排污沟，再由排污沟将粪便输送至贮存池，进行固液分离，固体干粪进行堆肥或牛床垫料等利用，液体粪水进行沼气或多级净化等深度无害化处理后，回用冲洗圈舍。

水冲清粪方式需要的人力少、清粪效率高、能保证舍内的清洁卫生，但产生粪水量大、北方冬季易出现粪水冰冻情况，主要适用于大型规模牛场使用。

二、粪水收集方式

畜禽采用传统的养殖方式会产生大量的粪水，必须在养殖源头上尽量减少粪水的产生量。粪水的收集主要有两种。

1. 采用全封闭输送管道

从栏舍排污口至粪水贮存池之间全程安装封闭式管道或建设封闭式沟渠，让栏舍内排出的粪水自然通过封闭式管道或沟渠直接进入贮存池。

2. 配备足够的集污设施

粪水的收集一定要根据养殖场产生的粪水量匹配足够的集污设施容积，以满足粪水充分得到好氧厌氧降解。贮存池要搭建遮雨棚，且要做到防渗漏、防溢流。贮存池容积大小要根据养殖场每天产生的粪水量及存放时间长短来确定。按照国家对养殖场节能减排核查核算有关参数要求，包括预沉池（要搭建遮雨棚）让粪水停留时间应不少于 12 小时，进入沼气（厌氧）池停留时间应不少于 10 天，再经曝气池曝气，最终到达贮液池停留时间应不少于 60 天。

第二节　贮存方式

贮存设施是畜禽干粪和粪水处理及清洁回用过程必不可少的基础设施。畜禽干粪和粪水在处理和利用前必须存放在一定的设施内。《中华人民共和国环境保护法》和《畜禽规模养殖污染防治条例》要求畜禽养殖场、养殖小区应根据养殖规模和污染防治的需要，建设相应的畜禽粪便、粪水的贮存设施。粪便贮存方式需与收集方式和处理利用方式匹配。

一、干粪贮存

（一）结构和形式

1. 贮存池类型

宜采用地上带有雨棚的"∏"型槽式堆粪池。

2. 地面要求

（1）地面为混凝土结构。

（2）地面向"∏"型槽的开口方向倾斜。坡度为 1%，坡底设排渗滤液收集沟，渗滤液排入粪水贮存设施。

（3）地面应能满足承受粪便运输车以及所存放粪便荷载的要求。地面应进行防水处理，地面做法如下（现拌砂浆混凝土防水地面）。

①素土夯实，压实系数 0.90。

②60 毫米 C15 混凝土垫层。

③素水泥浆 1 道（内掺建筑胶）。

④20 毫米 1∶3 水泥砂浆找平层，四周及管根部位抹小八字角。

⑤0.7 毫米聚乙烯丙纶防水卷材，用 1.3 毫米胶粘剂粘贴或 1.5 毫米聚合物水泥基防水涂料。

⑥C20 混凝土面层从门口处向地漏找 1%泛水，最薄处不小于 30 毫米，随打随抹平。

（4）地面防渗性能要达到 GB 50069 中抗渗等级 S6 的要求。

（5）地面应高出周围地面至少 30 厘米。

3. 墙体

墙高不宜超 1.5 米，采用砖混或混凝土结构、水泥抹面；墙体厚度不少于 240 毫米，墙体要防渗，防渗性能要达到 GB

50069 中抗渗等级 S6 的要求。

4. 顶部要求

顶部设置雨棚，雨棚可采用钢瓦等抗风防压材料，下玄与设施地面净高不低于 3.5 米，方便运输车辆进入。

（二）其他

固体干粪贮存设施应设置雨水集排水系统，以收集、排出可能流向贮存设施的雨水、上游雨水以及未与废物接触的雨水，雨水集排水系统排出的雨水不得与渗滤液混排。

应采取措施对粪便存放过程中排放臭气进行处理，防止空气污染，畜禽粪便存过程中恶臭及污染物排放应符合《畜禽养殖业污染物排放标准》。

贮存设施周围应设置绿化隔离带，并应设置明显的标志以及围栏等防护设施。

宜设专门通道直接与外界相通，避免粪便运输经过生活及生产区。

应定期对贮存设施进行安全检查，发现问题及时解决，防止突发事件的发生。同时由于贮存过程可能会排放可燃气体，因此应制定必要的防火措施。

二、粪水贮存

（一）结构和形式

粪水贮存设施有地下式和地上式两种。土质条件好、地下水位低的场地宜建造地下式的贮存设施；地下水位较高的场地宜建造地上式贮存设施，根据场地大小、位置和土质条件，可选择方形、长方形等建造形式。

1. 一般规定

贮存设施的用料应就地取材，利用旧河道池塘洼地等修建，当水力条件不利时宜在粪水贮存池设置导流墙对四壁采取防护措施。

2. 四周壁面和堤坝

贮存设施的高度或深度不超过 6 米；四周壁面采用不易透水的材料，建筑土坝应用不易透水材料作心墙或斜墙，土坝的顶宽不宜小于 2 米，石堤和混凝土堤顶宽不应小于 0.8 米，当堤顶允许机动车行驶时其宽度不应小于 3.5 米；坝的外坡设计应按土质及工程规模确定，土坝外坡坡度宜（2∶1）～（4∶1），内坡坡度宜为（2∶1）～（3∶1）；在贮存设施内侧适当位置（粪水进水口、出水口）设置平台、阶梯；壁面的防渗级别应满足 GB 50069 中抗渗等级 S6 的要求。

3. 底面

贮存设施底部应高于地下水位 0.6 米以上；底面应平整并略具坡度倾向出口，当塘底原土渗透系数 K 值大于 0.2 米/天时应采取防渗措施，防渗级别应满足 GB 50069 中抗渗等级 S6 的要求。

4. 高密度聚乙烯膜（HDPE 膜）粪水贮存池

近年，采用高密度聚乙烯膜（HDPE 膜）铺设在粪水贮存池底部和四壁的形式也较为常见。在工程应用方面，防渗膜施工简便，只要将池子挖好并做相应整平处理，不需要打混凝土垫层，因此施工速度更快。另外，HDPE 膜防渗系数高，抗拉伸机械性强、使用寿命长等，采用 HDPE 膜来铺设在粪水贮存池底面和四壁，相比较混凝土结构，该法成本低，适合在黏性土质、地下水位较低的地区建设。

采用 HDPE 膜建造粪水贮存设施的施工顺序为：粪水池基面修整→基面验收→防渗膜（HDPE 膜）铺设→防渗膜（HDPE

膜）接缝焊接→与周边连接锚固→防护层铺设→验收，其中铺设 HDPE 防渗膜是整个防渗系统中一道关键的工序，铺设前要开包检查 HDPE 膜，检查膜是否有损伤、孔洞和折损等缺陷。在铺设边坡时，要将进水管、出水管等预埋件预埋，边坡铺设好后，再铺设底部，膜与膜之间接缝的搭接宽度不小于 100 毫米，接缝排列方向平行于最大坡脚线，HDPE 膜焊接缝宽度范围内有两道焊缝，每道焊缝宽度不小于 10 毫米，焊缝处 HDPE 防渗膜熔接为一个整体，不允许出现虚焊、漏焊或过焊。

（二）其他

地下式粪水贮存设施周围应设置导流渠，防止雨水径流进入贮存设施内，进水管道直径最小为 30 厘米，进水口和出水口设计应尽量避免在设施内产生短流、沟流、返混和死区，同时进口至出口方向应避开当地常年流行风向，宜与主导风向垂直；地上粪水贮存设施应设有自动溢流管道；粪水贮存设施周围应设置明显的标志或者高 0.8 米的防护栏；在贮存设施周围设置环境净化带缓冲区，种植环保型植被。

第三节　固液分离

一、固液分离的作用

养殖场内刚收集起来的粪便含水量高，存储不方便，存放或堆积不当会对周围环境产生污染，阻碍后期资源化利用。因此，固液分离技术成为畜禽粪便处理过程中的重要前期步骤。固液分离技术采用机械或非机械的方法，将粪便中的固体和液体部分分开，然后分别对分离物质加以利用。机械的方法是采用固液分离机，非机械的方法是采用格栅、沉淀池等设施。目前，出于环境与经济的双重考虑，倾向于采用固液分离机技术对粪便进行处理。规模化养殖场粪便处理中，固液分离是粪便处理工艺的关键环节，针对粪便特点选择使用合适的固液分离工艺和固液分离机至关重要。

二、固液分离流程

以牛场为例，牛舍内粪便经机械刮板或水冲工艺清理之后进入集粪池，集粪池内安装有进料切割泵和搅拌机。由于粪便中含有固体干粪、垫料、动物杂毛等大量固形物及杂质，因此，需要用集水调节池内的搅拌机对所有的粪便持续进行混合、搅拌，混合均匀后的粪便再由进料切割泵提升到固液分离机，分离出的固体直接落到分离平台下方的硬化地面上，液体部分排放至粪水池。经过固液分离后的固体干粪部分含水率低，运输方便，可加工生产有机肥，也可在晾晒、消毒后将其作为牛床垫料；液体一部分经处理后可循环用于回冲牛舍清粪通道或粪沟，另一部分作为稀释用水回流到集污池中，多余的粪水经处理后可稀释作为农田灌溉用水，或进一步做厌氧发酵生产沼气或达标排放处理。

系统的主要构筑物及设备有集粪池（内装切割进料泵、搅拌机、液位仪）、固液分离平台（放置固液分离机用）、粪水池（内装回冲泵及液位仪）。

三、固液分离模式

固液分离包含前分离工艺与后分离工艺。采用前分离和后分离的方法，对固液分离机的要求并无太大差异，但粪便处理和利用回收的工艺条件却不相同。畜禽粪便中粪物质 BOD、COD、浮物等环境指标占畜禽粪便总指标 80%以上，采用前分离则可将难分解的物质提前分离出来，以降低液体部分的 BOD、COD、悬浮物含量，减轻粪便的处理难度，降低粪便处理设施的投资，缩短粪水处理时间，减少粪便水处理设施的运行费用。如果采用厌氧发酵处理工艺，由于进入厌氧发酵槽内全为液体使得发酵速度加快，反应时间缩短，料液在槽内滞留期缩短，可以大大减小发酵槽的体积，降低工程投资，分离后的粪便还可用于堆肥。采用固液前分离的工艺把能够参与厌氧反应的固体物质提前分离出去，大大减少了沼气的产出量。后分离工艺则弥补了上述产气不足的缺点，厌氧发酵过的固体物质可直接调整水分，成为很好的有机肥，且沼渣沼液还能以饲料添加剂、叶面肥、浸种等多种形式加以利用。其缺点是发酵反应周期长，所需反应槽体积大，使建设投资成本增加。因此应根据具体畜禽场粪便排放情况以及对处理过程资源回收的要求和资源综合利用的情况，经过经济分析与对比，选择固液分离的工艺。

通过固液分离机进行固液分离，可以得到含水量低于 65% 的固体干粪，但现在的固液分离机对粪便中固体的回收率低于 30%，特别是固液分离后，原有粪便中氮、磷绝大多数还留在液体中，这给后续液体部分处理提出了更严峻的挑战。

第四节　干粪处理与利用

一、堆肥定义及其基本过程

堆肥是应用最广泛的畜禽粪便资源化利用方法，是在人工控制水分、碳氮比（C/N）和通风条件下通过微生物的发酵作用，将废弃物有机物转变为肥料的过程。通过堆肥过程，有机物由不稳定状态转变为稳定的腐殖质物质，同时微生物作用过程会产生一定的热量使堆体保持长时间高温状态，杀死堆肥物料中的病原菌、杂草种子，实现无害化。堆肥产品中不含病原菌、杂草种子，可以安全存放，是一种好的土壤改良剂和农用有机肥料。

堆肥过程通常分为两个阶段，即高温发酵阶段和后熟阶段。高温发酵阶段伴有明显的温度变化，根据堆体温度变化，又可分以下几个阶段。

1. 升温期

一般指堆肥过程的初期，堆肥温度逐渐从环境温度上升到45℃左右，主导微生物以嗜热性微生物为主，包括细菌、真菌和放线菌。

2. 高温期

当堆肥温度升到45℃以上时，即进入高温阶段。在此阶段，嗜温性微生物受到抑制甚至死亡，嗜热性微生物逐渐替代了嗜温性微生物；通常在50℃左右进行活动的主要是嗜热性真菌和放线菌；温度上升到60℃时，真菌几乎完全停止活动，仅有嗜热性放线菌在活动；温度升到70℃以上时，对于大多数嗜热性微生物已不适宜，微生物大量死亡或进入休眠状态。

3. 降温期

高温阶段必然导致微生物的死亡和活动减少，自然进入降温阶段，在此阶段，嗜温性微生物又开始占据优势，但微生物活动普遍下降，堆体发热量减少，温度开始下降，有机物趋于稳定，需氧量大大减少，堆肥进入后熟阶段。

二、堆肥物料简易配比法

根据容重确定粪便与堆肥辅料的配比法。首先准备 1 个日常生活中用的塑料桶和 1 台磅秤，然后开始称量。具体做法是：首先在塑料桶中装满水，称其重量，可根据水的重量和密度计算出桶的体积；然后在塑料桶中装满粪便（不要压实、粪与桶口平齐），称量粪便的重量，同样方法称量秸秆的重量，分别计算粪便和秸秆的比重，大致估算混合体积比；接下来，用这个桶分别盛粪便和秸秆，按照不同体积比例进行混合，例如，粪便与秸秆按照 3：2 的体积比混合，则先用桶盛 3 桶粪，然后盛 2 桶秸秆，倒在一起进行混合，混合均匀后，再用桶盛混合物，称量混合物的重量，计算出比重……直到得到理想的比重。最好以确定的粪便与辅料体积混合比进行混合堆肥。

以上每种称量最好重复 3 次，将其平均值用于其后的计算，容重一般应小于 700 千克/立方米，以 500～600 千克/立方米为宜。

堆肥物料的配比也可通过调节 C/N 和水分含量实现。通常先将 C/N 指标调整合适后，将堆肥配方基本确定下来，若需要则进一步调整水分含量，在不明显影响第 C/N 指标的情形下对水分含量指标进行优化。

三、畜禽干粪用作食用菌栽培基质

畜禽干粪适于作为食用菌基质的养分物质。食用菌的栽培基质主要为食用菌的生长提供水分和营养物质等。畜禽干粪中含有大量的营养物质和丰富的矿物质元素，故可以使用畜禽干粪作为食用菌的栽培基。

畜禽干粪所含的有机氮比例高，占总氮量的 60%～70%，是很好的氮源，但其碳含量相对有限，而蘑菇要求培养料堆制前的 C/N（碳氮比）为 33：1，故必须在畜禽干粪中加入碳素含量较高的材料，如稻草或玉米秆，并添加适当的无机肥料。所以，使用畜禽干粪栽培食用菌，首先需对其进行高温干燥等预处理，处理后的干粪物料与传统的食用菌培养基材料，如玉米芯、棉籽壳及作物秸秆等以适当比例相混合，便可以用来制作食用菌的培养基。

利用畜禽干粪与传统食用菌栽培基如玉米芯、棉籽壳、作物秸秆等混合制成新的栽培基来培养食用菌，不仅解决了畜牧场内粪便处理的难题，减少了粪便对环境的污染，且为食用菌的生长提供了丰富的营养物质，使栽培出的食用菌品质更加优良，产量大幅度提高，栽培基的成本也得到降低，提高了养殖场的整体经济效益。

牛粪含有的粗蛋白、粗脂肪、粗纤维及无氮浸出物等有机物质和丰富的氮、磷、钾等微量元素，较适合用来做食用菌的栽培基。使用牛粪作食用菌的培养基时，首先要在牛粪中加入一定的辅料堆制（如秸秆、稻草等）发酵。由于牛粪中含有大量的菌类，在使用牛粪作为栽培基之前，必须要通过暴晒等方式对牛粪进行杀菌灭虫。目前发酵后的牛粪主要用来培养平菇。

使用牛粪栽培食用菌的具体工艺为：先将新鲜的牛粪在强光下暴晒 3~5 天，直至牛粪表面的粗纤维物质凝结成块，或是通过固液分离后的固体物料可用来做食用菌的栽培基。然后在牛粪中加入含碳量较高的稻草或秸秆以调节碳氮比，再添加适当的无机肥料、石膏等，使用捶捣等方式将其充分进行混合。最后将牛粪混合物进行堆制发酵，直至水分为 60%~85% 时，即可作为培养基栽培食用菌。

第五节　粪水处理与利用

固液分离形成的粪水经深度处理后用于场内粪沟或圈栏等

冲洗。在处理方法上，应本着减少投资、节约能耗、因地制宜的原则，采用物理的、化学的和生物的方法进行多级处理。粪水处理可采用厌氧与好氧相结合的组合处理技术、膜生物反应器处理技术或者人工湿地+氧化塘处理技术。

一、粪水处理技术

（一）升流式厌氧污泥床反应器（UASB）

对于较低浓度的畜禽养殖粪水的厌氧处理，首先采用升流式厌氧污泥床反应器（UASB）进行处理，出水再通过好氧工艺技术进一步处理。

UASB 反应器的进水条件

UASB 反应器的进水条件要求，如果不能满足进水要求，宜采用相应的预处理措施。具体要求如下。

（1）pH 值在 6.0~8.0。

（2）常温厌氧发酵温度在 20~25℃，中温厌氧发酵温度在 35~40℃，高温厌氧发酵温度在 50~55℃。

（3）营养组合比（COD_{Cr}：氨氮：磷）为（100~500）：5：1。

（4）BOD_5/COD_{Cr} 的比值不低于 0.3。

（5）进水中悬浮物含量最好不大于 1 500 毫克/升。

（6）进水中氨氮浓度不大于 2 000 毫克/升。

（7）进水中 COD_{Cr} 浓度大于 1 500 毫克/升。

（8）严格控制重金属、氰化物、酚类等物质进入厌氧反应器的浓度。

（二）序批式活性污泥法（SBR）

UASB 厌氧处理出水需进一步进行人工好氧处理以便后续的

杀菌处理，人工好氧处理主要依赖好氧菌和兼性厌氧菌的生化作用净化养殖粪水，目前猪场常用的有序批式活性污泥法又称SBR 法，是活性污泥法的一种，可用于 UASB 厌氧处理出水的进一步处理。由于畜禽养殖粪水中有机物含量高的特点，在实际应用中多采用厌氧+SBR 相结合的工艺。

序批式活性污泥法（SBR）采用间歇式运行方式，在一个构筑物中反复交替进行缺氧发酵和曝气反应，并完成污泥沉淀作用。SBR 法既能去除有机物，又能去除氮和磷，具有工艺流程简单、投资和运行费用相对较低、占地少、管理方便、出水水质好等特点。

（三）膜生物反应器（MBR）

膜生物反应器（MBR）系统是结合了生物学处理工程和膜分离工程的一种粪水处理方法。其中，生物学处理部分是利用进水中的有机物作为营养源，微生物将其转换成多种气体和细胞组织。膜分离部分利用膜组件进行固液分离，截流的污泥回流至生物反应器中，透过水外排。膜组件是 MBR 最主要的部分，它是把膜以某种形式组装成一个基本单元，相当于传统生物处理系统中的二沉池，这些膜组件多为过滤精度较高的微滤或超滤膜组件，分离区间一般在 0.01~0.1 微米，用膜组件来替代传统生物处理中的二沉池也被认为是该项工艺的最大特点。进入 MBR 的粪水污染物首先将在膜组件中进行生物降解，并由生物反应器内的混合液在膜两侧压力差的作用下，那些不能被微生物降解的有机物和大分子溶质就会被膜截留，从而替代沉淀池完成其与处理出水的分离过程。

二、回用消毒要求

养殖场粪水回用主要用于回冲粪沟和清粪通道，以及冲洗圈栏等。为保证畜禽场的用水安全，确保人与畜禽的健康，养殖场处理的粪水回用前必须进行消毒处理。

粪水消毒技术的发展随着环境问题的日益突出而受到全社会的不断关注。目前，我国常用的粪水消毒方法有紫外线消毒法、液氯消毒法、臭氧消毒法、二氧化氯消毒法、次氯酸钠消毒法等。

（一）紫外线消毒法

紫外线是一种频率高于可见光的电磁波，按其波长可以分为UV—A（315~400纳米）、UV—B（280~315纳米）和UV—C（100~280纳米）3个波段。其中UV—C波段恰好处在微生物吸收波峰的范围之内，因此，UV—C波段的紫外线杀菌效果最好。紫外线消毒是利用紫外光发生装置，产生强紫外C光（波段在UV—C范围之内）来照射水、空气、物体表面，当水、空气、物体表面中的各种细菌、病毒、寄生虫、水藻以及其他病原体等受到一定剂量的紫外C光辐射后，其细胞中的DNA结构被破坏，使各种微生物致死，以达到杀菌消毒和净化粪水的目的。

紫外线消毒法的优点如下。

消毒速度快，效率高，设备占地面积小。

不影响水的物理化学成分，不增加水的臭味。

设备操作简单，便于运行管理和实现自动化。

紫外线消毒法的缺点如下。

不具备后续消毒能力，污染易反复。

只有吸收紫外线的微生物才会被灭活，粪水SS较大时，消毒效果很难保证。

细菌细胞在紫外线消毒器中并没有被去除，被杀死的微生物和其他污染物一道成为生存下来的细菌的食物。

（二）液氯消毒法

液氯是一种强氧化剂，最早用于粪水处理厂消毒。由于其杀菌能力强，价格低廉，消毒可靠，是目前应用最为广泛的消毒剂。液氯消毒法的消毒机理是利用液氯溶解于水生成次氯酸和盐酸，其方程式为：$Cl_2 + H_2O = HClO + HCl$。次氯酸（HClO）扩散到细菌表面，穿过细菌的细胞壁穿透到细胞内部。当次氯酸分子到达细菌内部时，在细菌体内发生氧化作用破坏细菌的酶系统而使细菌死亡。

液氯消毒法的缺点如下。

液氯消毒的安全性较差。

液氯消毒存在二次污染，氯与粪水中某些有机或无机成分反应，生成一系列稳定的含氯化合物，其大部分对人体健康有害，有些含氯化合物有致癌性。

氯与粪水中的氨反应生成的氯氨，会降低消毒效力，而且氯氨排入水体后会对其他生物产生毒性作用。

（三）臭氧消毒法

臭氧消毒法是利用组成臭氧的三个氧原子的不稳定特性，分解时放出新生态氧，而新生态氧具有非常强的氧化能力，对细菌和病毒产生强大的杀伤力，致使细菌和病毒死亡。

臭氧消毒法的优点为：臭氧消毒效率高，并能有效地降解粪水中残留的有机物，脱色除味效果好，而且粪水的 pH 值、温度对消毒效果影响较小，不产生二次污染。

臭氧消毒法的缺点为：用臭氧给城市粪水处理厂出水消毒存在投资大、运行成本高，设备管理复杂等缺点，另外当水量和水质发生变化时，臭氧投加量的调节比较困难。因此，臭氧消毒主要适用于对出水水质要求高、出水中含较高色度或者难降解物质、水量不大的工业废水处理消毒和小规模城市粪水处理消毒，不适用于大中型城市粪水处理厂。

（四）二氧化氯消毒法

二氧化氯化学性质活泼，易溶于水，在 20℃ 下溶解度为 107.98 克/升，是氯气溶解度的 5 倍。二氧化氯是广谱型消毒剂，其氧化能力是氯的 25 倍。对水中的病原微生物包括病毒、芽孢、真菌、致病菌及肉毒杆菌均有很高的灭活效果，有剩余消毒能力。二氧化氯在控制三卤甲烷的形成和减少总有机卤的数量等方面，与氯相比具有优越性。二氧化氯去除水中的色度、臭味的能力较强。

（五）次氯酸钠消毒法

次氯酸钠可用次氯酸钠发生器，以海水或食盐水的电解液电解产生。次氯酸钠中有效氯的含量占次氯酸钠总量的 5%~15%，次氯酸钠消毒是依靠 ClO^- 的强氧化作用来进行杀菌消毒的。从次氯酸钠发生器产生的次氯酸可直接注入粪水中进行接触消毒。其方程式为：$NaClO + H_2O = HClO + NaOH$。

次氯酸钠消毒法的优点为：溶液毒性小，并且比氯气消毒系统更容易操作；与氯气消毒系统相比，所需的技术含量较少。

次氯酸钠消毒法的缺点为：次氯酸钠易变质，次氯酸钠的投加有增加无机物副产品的可能（氯酸盐，次氯酸盐和溴酸盐），对一些物质有腐蚀作用，相对于其他溶液不易储存，化学药剂的费用较氯气高。

第十章　畜禽粪污达标排放技术

第一节　收集方式

一、雨污分流

雨污分流是指畜禽养殖企业在新建（改造）养殖场时要设置两条排液沟，一条作雨水沟，用于收集雨水，通常为明沟；一条作污水沟并加盖，用于收集粪水，粪水进入猪场污水处理系统中的收集设施，从而最大限度地减少后端处理压力。具体主要做到"二改"。

（一）改无限用水为控制用水

推广碗式、碟式自动饮水器等节水养殖技术，改进畜禽养殖饮水系统，增加防漏设施设备，最大限度地减少畜禽养殖企业，在养殖过程中的用水量。

变水冲清粪为干式清粪，减少粪水产生量。

改变畜禽养殖企业原来的露天运动场为封闭式运动场，改用水泥浅排污沟，减少冲洗地面用水；采用风机—水帘等降温方式来代替直接对畜体喷淋降温。改常压冲栏为高压水泵冲洗栏舍以减少用水量。

（二）改明沟排粪污为暗沟排粪污

1. 畜禽栏舍内的缝漏沟

一般沟宽 40 厘米，沟深 20 厘米，排粪水沟的坡降控制在 5 度左右，上面选择铺设水泥漏缝地板、铸铁漏缝地板或者塑料漏缝地板等构件。

2. 畜禽栏舍新建（改建）

设计时，将排污沟改为暗沟，根据畜禽养殖规模、畜种、饲养方式的不同使用大小不等的 PVC 塑料管埋入地下 50 厘米以下，防止雨水混入，减少粪水排放。

3. 排粪污管道

畜禽养殖粪水经专门的排粪污管道进入粪水收集池或收集塘，再进入后端的处理系统。

二、干清粪模式

生猪养殖干式清粪工艺又称干清粪工艺，是一种简单又行之有效的猪场生产工艺。这种工艺能够尽量防止猪场固体粪便与粪水混合，最大量地减少粪水产生量，以简化粪便处理工艺及减少设备，为大幅度降低工程投资和运行费用、制作优质有机肥和提高经济效益打下良好的基础。

三、水（尿）泡粪模式

猪场的水（尿）泡粪工艺就是由原水冲粪工艺基础上改良而来，与传统的水冲粪工艺比较能够节约 50% 以上的用水量，同时该工艺能够定时、有效地清除畜舍内的粪便、尿液。水（尿）泡粪工艺机械化程度高，能够节约大量的人工费用。

其工艺原理是在猪舍内的储粪沟中注入一定量的水，粪尿、冲洗和饲养管理用水一并排入缝隙地板下的粪沟中储存。经过一段时间储存后，排污系统每隔 14~45 天，拉起排污塞子，利用虹吸原理形成自然真空，使粪便顺粪沟流入粪便主干沟，迅速排放到地下储粪池或用泵抽吸到地面储粪池。水（尿）泡粪系统是在猪场新建时设计和施工的。该工艺的缺点主要是由于粪便长时间在猪舍中停留，形成厌氧发酵，产生大量的有害气体（如硫化氢、甲烷等），并且相关污染物浓度较高，给后处理增加了很大的困难。

第二节　贮存方式

根据《畜禽养殖业污染防治技术政策》提出畜禽养殖污染防治应遵循的原则：发展清洁养殖，重视圈舍结构、粪便清理、饲料配比等环节的环保要求；注重在养殖过程中降低资源耗损和污染负荷，实现源头减排。

第三节　固液分离

固液分离是粪便处理的预处理工艺，通过采用物理或化学的方法和设备，将粪便中的固形物与液体分开。该方法可将粪水中的悬浮固体、长纤维、杂草等分离出来，通常可使粪水中的 COD 降低 14%~16%。

粪便经过固液分离后，固体部分便于运输、干燥、制成有机肥或用作牛床垫等；液体部分不仅易于输送、存贮，而且由于液体部分的有机物含量低，也便于后续处理。目前的固液分离主要采用化学沉降、机械筛分、螺旋挤压、卧螺离心脱水等方法。

第四节 处理与利用技术

达标排放模式是将粪便通过固液分离后，干粪和粪水分开处理的方式，使干粪得以更好利用，粪水实现达标排放。干粪处理方法与技术在本书不作叙述，重点围绕粪水的达标排放处理技术进行介绍。

一、自然处理技术

（一）人工湿地技术

1. 技术概况及优缺点

人工湿地系统（Constructed Wetlands）是模仿自然生态系统中的湿地，经人工设计、建造，在处理床上种有水生植物或湿生植物用于处理废水。它是结合生物学、化学、物理学过程的废水处理技术，是类似于自然湿地，但净化功能更强的一种实用废水处理技术。

人工湿地优点不仅净化废水效果显著、出水水质好，而且易建设、运行费低、不耗能、维护方便，运行过程缓冲力强，系统灵活。人工湿地通常由几个级（即湿地小室）串联或并联构成，从而使系统更加实用、灵活。

根据 NRCS 建议，用于动物粪水处理的湿地，应作为整个废物管理系统的一部分来考虑、来建设。而且入水必需经过预处理，如去除沉淀物和漂浮物。其设计要求如下。

（1）BOD_5 负荷率为 0.73 千克／（公顷·天）。

（2）停留时间至少 12 天。至于停留时间长短主要依赖于平均气温和降解 BOD 所需的实际。上述设计欲使湿地最后出水的 BOD<30 毫克/升，TSS<30 毫克/升，（NH_4^+-N）<10 毫克/升。

实践证明，为保证人工湿地的正常运行，采用粪水预处理方案及保证其有效性是至关重要的。固体物的累积会缩短人工湿地的有效寿命，去除固体物是一个必需的预处理步骤。对于养殖粪水来说，因其 BOD 和 TSS 值很高，没有预处理，人工湿地是无效的。

2. 人工湿地对氮和磷的去除

人工湿地重要功能之一是较强地去除废水中的氮和磷。因此，许多国家都注重人工湿地去氮和去磷功能的研究。美国、瑞典、新西兰以及丹麦等国研究表明，这种方法效果比较显著，去除氮和磷的范围分别为 30% ~ 50% 和 30% ~ 90%。人工湿地去氮的主要机理是硝化、脱硝和大型植物吸收，去磷则主要是依赖于同化、吸收和沉淀。

（1）人工湿地对氮的去除。氮以有机或无机的形式进入猪场粪水处理湿地。无机形式的氮是硝酸盐（NO_3^-）、亚硝酸盐（NO_2^-）、氨（NH_3）和铵根（NH_4^+）。氨可通过挥发从系统中损失，被植物或微生物吸收同化，或在硝化作用中被氧化成硝酸盐。相似地，铵根也在生物区被吸收或被硝化。此外由于铵带正电荷，它能被吸附到负离子土壤颗粒上。水中的硝酸盐和亚硝酸盐被植物吸收或脱硝作用而去除。一旦氮被脱硝，它以 N_2O 或 N_2 形式释放到大气中。脱硝作用去氮，是大部分湿地最重要的去氮途径。有机氮被矿化后，进入无机氮循环。由于氮运输包括生物过程，在生长季节期间，当高温刺激微生物种群生长，将促进氮的去除。此外，植物只有在生长季节才发生氮的吸收。

人工湿地中氮的转化主要涉及硝化和反硝化作用。硝化作用只改变氮的形式，反硝化作用才可以使氮以 N_2 和 N_2O 形式从湿地系统中根本去除。但是在人工湿地中，有植被与没有植被的系统以及不同植物对猪场废水中氨氮的耐受力和去除力有较大的差别。

人工湿地去氮与植物的存在与否、植物类型、碳源等有关。不同的湿地植物对去氮影响与根生物量（影响氮吸收及运输 O_2）以及碳源提供有关。无论是否加碳溶液，根生物量越大，植物氮吸收或通过 O_2 运输到根茎区硝化的机会越大。NO_3^--N 去除顺序是：芦苇>艾草>香蒲>薰草>无种植的湿地。

（2）人工湿地对磷的去除。人工湿地对磷的去除是植物吸收、微生物去除以及物理化学作用的结果。无机磷经植物吸收转化为植物的 ATP、DNA 及 RNA 等有机成分，通过收割植物而得以去除。理化作用主要指填料对磷的吸附及填料与磷酸根离子的化学反应，这种作用效果因填料的不同而异。因石灰石及含铁质的填料中含有 Ca 和 Fe，它们可与 PO_4^{3-} 反应生成沉淀，因此，它们是除磷的好填料。微生物除磷包括对磷的正常同化（将磷转变成其分子组成）和对磷的过量积累。在一般的二级处理系统中，当进水磷为 10 毫克/升时，微生物对磷的同化（形成污泥组成式 $C_{60}N_{87}N_{12}P$ 的一部分）仅是进水磷的 4.5%~19%。所以，微生物除磷主要是通过强化后对磷的过量积累来完成，这正是与湿地植物光合作用光反应、暗反应交替进行，并最终造成湿地系统中厌氧、好氧的交替出现有关，这是常规二级处理所难以满足的。

（二）氧化塘处理技术

氧化塘是一种天然的或经过一定人工修整的有机废水处理池塘，又称稳定塘。其优点是处理费用低廉、运行管理方便。按照占优势的微生物种属和相应的生化反应的不同，可分为好氧塘、兼性塘、曝气塘和厌氧塘 4 种类型。在猪场粪水的处理中，经常见到的氧化塘有厌氧塘、好氧塘、水生植物塘以及高

效藻类塘等。

1. 好氧塘

好氧塘是一种主要靠塘内藻类的光合作用供氧的氧化塘。它的水深较浅，一般在 0.3~0.5 米，阳光能直接射透到塘底，藻类生长旺盛，加上塘面风力搅动进行大气复氧，全部塘水都呈好氧状态。塘中的好氧菌把有机物转化成无机物，从而使废水得到净化。晚上藻类不产氧，其溶解氧下降，甚至会接近于低氧或无氧。

传统的藻类塘效率低，已属淘汰之列。近 20 年来，国外大力发展了高负荷氧化塘，又称高速率氧化塘。在高负荷氧化塘中，小球藻属和栅列藻属等单细胞绿藻类繁殖旺盛，而且占优势。在猪场粪水处理中，高速率藻类塘得到了比较广泛的应用。

2. 兼性塘

兼性塘的水深一般在 1.5~2 米，塘内好氧和厌氧生化反应兼而有之。在上部水层中，白天藻类光合作用旺盛，塘内维持好氧状态，夜晚藻类停止光合作用，大气复氧低于塘内好氧，溶解氧接近于零。在塘底由于沉淀固体和藻、菌类残体形成了污泥层，由于缺氧而进行厌氧发酵，称为厌氧层。在好氧层和厌氧层之间，存在着一个兼性层。

3. 曝气塘

曝气塘一般水深为 3~4 米，最深可达 5 米。曝气塘一般采用机械曝气，保持塘的好氧状态，并基本上得到完全混合，停留时间常介于 3~8 天，BOD_5 去除率平均在 70% 以上，曝气塘实际上是一个介于好氧塘和活性污泥法之间的废水处理法。曝气塘有机负荷和去除率都比较高，占地面积少，但运行费用高且出水悬浮物浓度较高，使用时可在后面连接兼性塘来改善最终出水水质。

4. 厌氧塘

当用塘来处理浓度较高的有机废水时，塘内一般不可能有氧存在。由于厌氧菌的分解作用，一部分有机物被氧化成沼气，沼气把污泥带到水面，形成一层浮渣层，有保温和阻止光合作用的效果，维持了良好的厌氧条件，不应把浮渣层打破。厌氧塘水深较大，一般在 2.5 米以上，最深可达 4~5 米。

厌氧塘的特点是：无须供氧；能处理高浓度的有机废水；污泥生长量较少；净化速度慢，废水停留时间长（30~50 天）；产生恶臭；处理不能达到要求，一般只能做预处理。

目前厌氧塘的常用设计方法是采用水面 BOD_5 负荷和停留时间，而设计的水面负荷和停留时间受地理条件和气候条件的影响，特别是受气温的影响。温度高于 15℃ 时，厌氧塘能有效地运行。温度低于 15℃ 时，塘中微生物（主要是甲烷菌）活性降至很低。此时，塘只起沉淀作用。

5. 养殖塘

好氧塘和兼性塘中有水生动物所必需的溶解氧和由多条食物链提供的多种饵料，具备养殖鱼类、螺、蚌和鸭、鹅等家禽的良好条件。这种养殖塘以阳光为能源，对污染物进行同化、降解，并在食物链中迁移转化，最终转化为动物蛋白。养殖塘的水深宜采用 2~2.5 米。养殖塘型设置最好采用多塘串联，前一、二级培养藻类；第三、四级培养浮游生物，以藻类为食料，又作为养殖塘鱼类的饵料；最后一级作养殖塘，水深应大些。养殖塘必须防止含重金属和累积性毒物的废水进入，否则会通过食物链危及人体。

二、生物处理技术

养殖粪水生物处理是最广泛的方法，主要利用自然环境中微生物的生物化学作用分解有机物、转化无机物（如氨、硫化物等），使之稳定化、无害化。粪水生物处理需要采取人工强化措施，创造有利于微生物生长、繁殖的环境，使微生物大量增殖，以提高其分解、转化污染物的效率。生物处理技术具有效率高、成本低、投资省、操作简单等优点。生物处理的缺点是对要处理粪水的水质（如主要成分、pH 值等）有一定要求，对难降解的有机物去除效果差；受温度影响较大，冬季一般效果较差；占地面积也较大。根据处理过程对氧气需求情况，粪水生物处理技术可分为好氧生物处理、厌氧生物处理和厌氧—好氧生物处理三大类。

三、物理化学处理技术

广义的物理化学处理技术（简称物化处理技术），是采用物理及化学的方式处理粪水，即采用非生物的处理方式处理粪水。狭义的粪水物化处理，则是采用物理化学的方式处理粪水。物理化学处理和物理处理、化学处理合为广义废水物化处理的 3 种方式。一般来说，广泛应用的是狭义定义。养殖粪水的物化处理主要采用絮凝、气浮、电解、膜浓缩分离和臭氧氧化技术等。

（一）絮凝技术

使粪水中悬浮微粒集聚变大，或形成絮团，从而加快粒子的聚沉，达到固—液分离的目的，这一现象或操作称作絮凝。实施絮凝通常靠添加适当的絮凝剂，其作用是吸附微粒，在微粒间"架桥"，从而促进集聚。养殖粪水固体悬浮物和有机物浓度高。因此，絮凝技术广泛应用于养殖粪水的预处理，以提高原水的可生化性，降低后续处理的负荷。

以 COD 质量浓度超过 30 000毫克/升养猪粪水为研究对象，研究分析硫酸铁、硫酸铝、结晶氯化铝、聚合氯化铝钾、聚合氯化铝、壳聚糖 6 种絮凝剂对该废水浊度、COD、$NH_4^+ - N$、TP、BOD_5 的影响，并简要分析絮凝法预处理的经济成本（黄海波等）。结果表明，6 种絮凝剂对废水各项污染物均有一定的处理能力。浊度的去除率为 95.2% ~ 99.7%，COD 的去除率为 36% ~ 53%，$NH_4^+ - N$ 的去除率为 25% ~ 72%，TP 去除率为 82% ~ 97%。经 6 种絮凝剂处理后，水质 BOD_5/COD 依次为 0.415、0.504、0.424、0.515、0.379、0.135。除壳聚糖外，生物可降解性均比原废水提高。6 种絮凝剂对养猪废水的预处理效果显著，为后续的生物处理提供了有利条件。综合考虑处理效果和经济因素，聚合氯化铝钾为最佳絮凝剂。

（二）气浮技术

气浮法也称浮选法，是向污水中通入空气或其他气体产生气泡，利用高度分散的微小气泡黏附污水中密度小于或接近于水的微小颗粒污染物，形成气浮体。因黏合体密度小于水而上浮到水面，从而使水中细小颗粒被分离去除，实现固—液分离的过程。气浮法既具有物理处理功能又具有化学絮凝处理功能，可以有效地降低某些水中的污染物质。

（三）电解技术

电解（Electrolysis）是将电流通过电解质溶液或熔融态电解质（又称电解液），在阴极和阳极上引起氧化还原反应的过程，电化学电池在外加直流电压时可发生电解过程。电化学法是通过选用具有催化活性的电极材料，在电极反应过程中直接或间接产生大量氧化能力极强的羟基自由基（·OH），其氧化能力

(2.80 伏) 仅次于氟 (2.87 伏), 达到分解有机物的目的。在很大程度上提高了废水的可生化性能, 并且具有杀菌消毒效果。电解法对于养猪粪水中的难以生物降解的有机物具有很强的氧化去除能力。因此, 被广泛应用于养殖粪水的好氧处理后的深度处理及消毒。

电解氧化法对抗生素、激素去除率的影响大小顺序表现为电解时间、初始 pH 值和曝气时间, 最优试验参数条件为电解电压 5 伏, 电解时间 2 分钟, 初始 pH 值为 9, 曝气时间 3 小时。

电催化氧化处理技术 (FMETB 系统) 是利用电化学反应单元的特殊催化反应作用, 在反应单元内产生羟基自由基离子 (·OH), 其具有极强的氧化性。在化学反应器的电催化、电氧化、电吸附、电气浮和电絮凝的同时作用下, 水体中的有机物和氨氮的复杂大分子结构的分子链被打断成小分子结构, 并被逐渐降解成 CO_2 和 N_2 回归到空气中, 以达到降解有机污染物的目的。在处理过程中产生的新生态 [O-H]、[H]、[O] 等能与废水中的许多组分发生氧化还原反应, 比如能破坏有色废水中有色物质的发色基团或助色基团, 甚至断链, 达到降解脱色的作用。其工艺特点为: 电催化氧化过程中产生的 (·OH) 无选择地直接与废水中的有机污染物反应, 将其降解为二氧化碳、水和简单有机物, 没有二次污染, 无污泥产生; 电催化氧化过程伴随着产生高效气浮的功能, 能有效去除水中悬浮物; 既可以作为单独处理, 也可以与其他处理技术相结合, 作为深度处理, 进一步降解微生物无法彻底降解的污染物, 确保出水达标; 设备操作简易, 安装方便、快捷; 设备结构紧凑占地少, 容易拆装搬迁, 可重复利用; 不受气候等因素影响, 常年稳定运行; 通过设备叠加可以达到由于环保指标提升而提高的水质排放要求。

(四) 膜浓缩分离技术

膜分离是在 20 世纪初出现，20 世纪 60 年代后迅速崛起的一门分离新技术。膜的孔径一般为微米级，依据其孔径的不同（或称为截留分子量），可将膜分为微滤膜（MF）、超滤膜（UF）、纳滤膜（NF）和反渗透膜（RO）等。膜分离技术由于兼有分离、浓缩、纯化和精制的功能。因此，被广泛用作养殖粪水的浓缩和生化处理法中污泥与出水的分离。此外，膜对微生物具有很好的截留效果。如微滤膜（孔径为 $10^6 \sim 10^7$ 米）可以截留全部细菌，而超滤膜（孔径为 $10^{-8} \sim 10^{-7}$ 米）可以截留大部分的病毒。因此，膜技术也是一种优良的物理消毒方法。在很多研究与实际工程应用中，膜工艺出水符合中水回用标准，可以用于粪便冲洗、绿化灌溉。

沼渣和沼液中含有大量的有机质、腐殖酸等营养物质，回用于农田可有效提高农产品产量和品质，但往往存在着附近农田消纳能力不足、冬季需求量小、远距离运输成本偏高及利用时空分布不均和经济性偏低等问题。针对沼液产生量大、储存运输困难、营养元素偏低的问题，国内外多采用真空浓缩和脱水等手段来浓缩沼液以减少其体积和提高营养元素含量。

采用高耐污反渗透技术可对沼液进行浓缩，通过建立中试规模膜浓缩装置，在间歇试验和连续试验的基础上，分析膜通量、压力、运行时间、电导率等指标的关系，研究了系统的最佳运行压力、沼液最佳浓缩倍数、连续运行清洗周期等工艺参数，在此基础上，对沼液的浓缩效果及系统运行经济性进行了评价。结果表明，建立反渗透系统对沼液进行浓缩是可行的，与原始沼液比较，所产生透过液中氨氮、COD 和电导率的去除率高达 90% 以上，同时浓缩沼液体积为原液的 20% ~ 25%，浓缩沼液中营养物质浓度提高 4 ~ 50 倍，可回用于农业种植，实现了沼液的高价值利用。

超滤膜和纳滤膜可用于畜禽养殖废弃物沼液的分离浓缩，处理过程不破坏沼液中有效物质的活性，浓缩液可作为无公害生物肥料的原料；沼液的 pH 值影响其体积浓缩倍数，当 pH 值为 5 时，体积浓缩倍数为最大值 23 倍，与沼液原液相比，浓缩液中的常规营养成分、微量元素和部分活性物质含量均得到显著提高，其中，TP 浓度提高了 309 倍，微量元素 Fe、Mn 和 Zn 浓度分别提高了 104 倍、335 倍和 84 倍，其他成分含量多数可提高 10~20 倍。

浙江省已有 3 个规模猪场采用了沼液膜浓缩技术，运行情况良好，浓缩比例为 5~10 倍，出水指标可达 COD≤100 毫克/升，氨氮≤30 毫克/升，总磷≤3 毫克/升。

第十一章　畜禽粪污集中处理技术

第一节　收集方式

一、畜舍内

畜禽舍是粪便产生的主要场所，干粪与粪水的收集方式对于粪便产生量、粪便后续处理、贮存与利用均有较大的影响。因此，在畜禽舍清粪工艺设计时需要考虑粪便处理与利用方式。

畜禽粪便集中处理模式中主要是将各养殖场难以处理与利用的干粪与粪水统一收集后，进行集中处理。由于干粪与粪水混合收集会导致贮存池体积大、运输量大、费用高，因而采用粪便集中处理模式区域的养殖场应分别收集干粪与粪水，或采用固液分离的饲养工艺。

畜禽舍内产生粪水的主要来源为尿液、饮水器滴漏水、冲刷用水、降温用水等。畜禽舍产生的粪水量影响到粪水池体积和运输成本，粪水中混入的粪便等固体物则会影响到粪水中COD及氮磷含量和后续处理难度。因此，控制舍内粪水产生量具有重要的意义。畜禽舍粪水产生量控制技术如下。

1. 尿液量控制

畜禽尿液排出量与饮水量有关，正常情况下能够引起饮水量增加的因素有舍内温湿度、日粮盐分及合成氨基酸添加水平

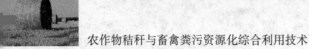

等因素。通过合理控制畜禽舍内温度和日粮中氯离子水平，可以实现尿液量的降低。

2. 饮水器滴漏控制

畜禽饮水时易引起水的滴漏，造成饮水浪费的同时增加粪水产生量。控制饮水器滴漏的环节包括安装水压调节设施和选择适宜的饮水器。水压调节设施可以降低进入饮水器的水压，避免动物使用饮水器时造成饮水的溅出。选择液面控制饮水器，一方面可以避免动物饮水时的滴漏，另一方面避免夏季戏水造成的浪费。

3. 冲刷用水控制

在采用干清粪等工艺时，部分养殖场使用水对残留在地面的粪便残渣进行清理，动物转群或空舍后畜舍清理也用水进行冲洗。建议尽量采用漏缝地面、少量人工辅助清理粪便。在确需用水冲洗时，采用高压水枪进行冲洗，可以大大减少用水量，实现降低粪水产全漏缝地面+尿泡粪工艺。漏缝地板下面建有一定高度的粪尿沟（>60厘米），设置专门活塞式PVC管道与贮粪池相通，当粪尿沟内粪便积累至一定高度后，打开活塞使粪尿进入贮粪池。

在漏缝地板下面，可以使用垫料对产生的粪便进行吸附，并利用微生物对粪便进行发酵处理，此方式可以避免污水的产生。

4. 人工干清粪

网床或地面饲养畜禽排泄的粪便和尿液至地面后，利用重力作用，实现固液分离，干粪由人工进行清扫和收集后运送至贮粪场，尿液、残余粪便用少量水冲洗后由粪尿沟或管道排出。该清粪方式的缺点是劳动强度大，效率低，需要较多劳动力资源。该方式适于小型畜禽舍。

二、养殖场内

（一）雨污分离

养殖场内实行雨污分离是降低污水处理量的关键环节之一。雨污分离的重点是保证养殖场产生的污水与雨水分离。在无运动场的畜禽养殖场，通过污水暗沟或暗管输送即可解决。在设有运动场的养殖场（奶牛场等）还需要将运动场内的雨污水与其他区域内的降水分离，单独收集。具体做法是在运动场一角或运动场内地势低洼处建设污水池一处，容量根据当地降水量确定。污水池四周设污水收集口，池沿应高于周边运动场地面。运动场污水池与养殖场污水输送管道通过暗管相通。

（二）粪水

畜禽养殖场内的粪水或粪尿混合物在向粪便贮存池或处理中心场所输送时，应采用具有防渗功能的暗管或暗沟进行输送。暗沟或暗管输送系统包括各畜禽舍的污水收集管、场内主沟渠和污水收集池。由各个畜舍收集的液体粪便汇集至主沟渠后，再输送至贮存池。如果场内输送距离短，且畜舍至污水暂存池有足够的坡度（3%～5%），可以采用自流方式直接将粪便输送至粪便贮存池，长距离或没有足够的坡度则应采用粪便输送泵进行输送。

（三）干粪

养殖场内干粪输送的主要方式是采用清粪车、传输带等进行输送。由人工或机械自畜禽舍内清出的固体粪便，由粪便运输车输送至贮粪池。

（四）粪便暂存池

养殖场内建立的粪便、粪水暂存池应具有防雨、防渗、防漏等功能，有效容积以满足贮存运输周期（如5~7天）内排粪量。暂存池应设置在养殖场的隔离区，远离生产区和居民区，并且建有专用道路，能够满足吸粪、运粪车辆通行操作。

三、集中处理中心

（一）统一收集体系

集中处理模式中包括有两种方式：一是统一收集、集中处理；二是统一收集、分散处理，上述两种方式均需建立高效的收集体系。

统一收集体系包括专业化收集运输队伍、粪便密闭运输车辆（自吸式吸粪车、自卸式运粪车等）和科学合理的组织模式。收集运输队伍建设可由粪便集中处理中心、社会组织承担，运输车辆的购置和运输费用由政府、养殖场和集中处理中心三方承担。专用运输车辆必须满足密闭运输的要求，运输过程中应避免粪便滴漏、抛洒，造成收集线路的污染，并带来疫病传播的风险。统一收集的组织模式是保障实施效果的关键。在统一收集体系的建设中，需要综合考虑所在区域的粪便产量、粪便处理中心处理能力、粪便综合利用情况、区域地形特点、农作物种植特点和交通条件，合理设置收集点，划定收集线路，确定收集频率。

在统一收集、集中处理模式中，则需将贮存于养殖场内的粪便运输至集中处理中心，进行集中处理。在中小型养殖场较为集中的区域，利用运输车辆直接将粪便运输至粪便集中处理中心。对于养殖场较为分散的区域可建立收集中转站，设置密封罐贮存设施用于收集各养殖场（户）的粪便，集中处理中心定期收集回收粪便密封贮存罐。处理后还需要将处理后的产物如沼液沼渣进行进一步处理利用，其中产生的沼液需要就近利用施肥一体机或建立配套管网进行输送利用。如果就近利用能力有限，还需要将沼液通过密闭运输车辆运出用于农田灌溉。

（二）干粪收集

在与粪便处理中心直接对接的收集体系中，干粪收集和运输设施主要有自吸式密闭运粪车、封闭式运粪车等，直接将固态类便运输至处理中心。

在设有收集点的区域，干粪收集和运输设施包括小型运粪车、畜粪收集斗和摆臂式收集车等。小型运粪车用于将粪便由养殖场输送至收集点的粪便收集斗，摆臂式收集车定期将粪便收集斗运输至处理中心。收集点的设置、收集设施的数量根据所覆盖区域的养殖场（户）数量、分布和畜禽存栏规模确定。

（三）粪水收集

养殖场内粪水的运输设施一般为自吸式污水车、液罐车，将粪水密闭运输至处理中心，运输距离一般以距处理中心 1 万米以内为宜。

（四）收集及运输管理

粪便的运输应统一用全密封特种车辆全程运输，防止沿途污染；在装卸粪便时要注意人身安全，防止人员掉入集粪池；收集半径在 3 万米范围内比较适宜。

第二节　贮存方式

为解决畜禽养殖带来的环境污染问题，许多畜牧业发达国家采取多项措施对畜禽养殖业进行调控，并通过立法的形式进行规范化管理。在各种管理规范中，粪便粪水贮存设施的作用显得尤为重要，国外对于各类贮粪池的设计、建造以及日常管理方面都有较为详细的规定，贮存设施在国外已经得到十分普遍和规范的应用。美国规定每个畜禽场在建场时必须建造粪便和粪水的贮存、处理和利用设施；欧盟各国大多要求农户建立能贮存 4 个月以上粪尿的设施；丹麦有关部门要求每个农场建造能够贮存 9 个月粪便量的贮存设施；加拿大农业部颁发的《牧场粪便管理办法》，根据牧场规模不同，对粪便的处理也作了不同的要求，如饲养 150~400 头母猪规模的猪场，必须要建粪便和粪水贮存池。在国内，大多数畜禽养殖场粪便粪水的贮存和处理能力不足，不但污染了环境，而且造成了资源的严重浪费。已建有的粪便贮存设施中，由于设计和建造不合理等原因，造成一些粪便贮存设施防漏、防渗性能很差，没有起到贮存设施本身应有的贮存防污作用。畜禽养殖场和有关企业在政府的支持下，开始建设科学的粪便处理设施，一般在畜禽养殖粪便集中处理过程中，在养殖场内和集中处理中心都需要粪便的贮存。因此，加强贮存设施的技术管理十分必要。

一、养殖场内

由于养殖场粪便不合理贮存、处理和利用造成的环境问题已经引起广泛关注。特别是忽视粪便贮存设施的作用，造成许多畜禽养殖场有粪便无害化设备，但没有合理的贮存设施而造成二次污染十分严重。农业部于 2006 年颁布了《畜禽粪便无害化处理技术规范》（NYAT 1168—2006），规范了畜禽养殖场应设置粪便贮存设施，总体要求如下。

畜禽养殖场产生的畜禽粪便应设置专门的贮存设施。

畜禽养殖场、养殖小区或畜禽粪便处理场应分别设置粪水或干粪贮存设施，畜禽粪便贮存设施位置必须距离地表水体 400 米以上。

畜禽粪便设施应设置明显标志和围栏等防护措施，保证人畜安全。

贮存设施必须有足够的空间来贮存粪便。在满足下列最小贮存体积条件下设置预留空间，一般在能够满足最小容量的前提下将深度或高度增加 0.5 米以上。

对干粪贮存设施其最小容积为贮存期内粪便产生总量和垫料体积总和。

对粪水贮存设施最小容积为贮存期内粪便产生量和贮存期内污水排放量总和。对于露天粪水贮存，必须考虑存期内降水量。

采取农田利用时，畜禽粪便贮存设施最小容量不能小于当地农业生产使用间隔最长时期内养殖场粪便产生总量。

畜禽粪便贮存设施必须进行防渗处理，防止污染地下水。

畜禽粪便贮存设施应采取防雨（水）措施。

贮存过程中不应产生二次污染，其恶臭及污染物排放应符合相关的规定。

2011 年，国家颁布了 GB/T 27622—2011《畜禽粪便贮存设施设计要求》和 GB/T 26624—2011《畜禽养殖污水贮存设施设计要求》国家标准，规范了畜禽粪便贮存设施和污水贮存设施设计的要求。畜禽养殖场粪便集中处理过程中，对粪便和粪水暂存在粪便贮存设施和粪水贮存设施中，不在场内进行粪便的进一步处理，而由集中处理中心利用相关的运输设施，将粪便和粪水运到粪便集中处理中心进行处理，畜禽粪便的贮存方式主要依据粪便的收集方式。

为了便于畜禽粪便收集，养殖场产生的畜禽粪便在养殖场内先贮存，每个养殖场建置顶式防渗漏集粪池，集粪池的建设既要方便粪便的倒入，又要方便收集车辆的装运。如槽罐车运

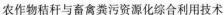

输粪便要有一定的流动性，以罐车可以吸取的稀度为原则，粪便内不能有疫苗瓶、垫草、兽药和饲料包装袋等杂物。

二、集中处理中心

集中处理中心最常见的为沼气工程中心和有机肥加工中心。沼气工程中心主要集中收集畜禽养殖场的粪尿混合态、粪水及干粪等，通过在沼气工程中心处理后，生产沼气或发电，沼液和沼渣还田。有机肥加工中心主要集中收集畜禽养殖场的干粪或半干粪便，经处理后加工成有机肥，有机肥加工中心对鸡场的鸡粪处理比较适合，对猪场和奶牛场只能处理干粪或半干粪便，不能处理粪水。沼气工程中心需要配备较多的粪便处理池，粪便的贮存方式主要以各种处理池及沼液沼渣贮存设施，同时，也可以在用户的田间建造贮存池，将沼气工程中心产生的沼渣或沼液运到田间的贮存池贮存，使沼气工程中心与用户田间贮存相结合，既节约了沼气工程中心的用地，又方便了用户在田间的使用。有机肥加工中心更多的是采用堆粪棚的形式贮存粪便。

第三节 固液分离

一、目的和作用

固液分离是指通过沉降、过滤等方法将固液混合物中的固液两相完全分离。

固液分离是重要的单元操作，是非均相分离的重要组成部分，在化工、制药、冶金、能源、环保等行业应用非常广泛，在畜禽养殖粪便处理方面也发挥着不可或缺的作用。

好氧堆肥和厌氧发酵是目前畜禽粪便处理最为普遍的方法，规模养殖场畜禽粪便产生量大，直接处理费用较高。同时，由于粪便中固体悬浮物及难分解的固体物质含量相对于厌氧发酵工艺来说较高，相对于好氧堆肥又太低，直接处理难度较大。畜禽粪便先经过固液分离工艺处理，能将大部分固体悬浮物和难分解的固体物质提前分离出来，以降低液体部分中的 BOD、COD 以及难分解的固体物质含量，减轻后续好氧堆肥或厌氧发酵等工艺处理的难度。

　　从经济性和适用性考虑，固液分离主要适用于干物质量较低、含水量较高的混合物。粪便首先通过自然沉淀或简易的筛网过滤，去除大部分黏稠的干物质，然后将上清液或滤液通过固液分离机进一步分离。此外，固液分离在沼渣沼液大田循环利用项目中，也是一个重要的工段，尤其是对于后续沼液通过小口径管道输送、采用喷雾和滴灌等方式施用的情形，经固液分离后的沼液含固量很低，可大幅度减少管道和喷头的堵塞，提高沼肥的利用效率。

　　固液分离产生的粪渣具有以下特点。

　　好氧性质稳定，产生的甲烷和气味较少，可显著改善养殖场的周边环境。

　　含水率降低（含水率由 80% 以上降至 50%～70%，出渣量及含水量可调节），方便运输和贮存。

　　直接或添加少量辅料后进行发酵堆肥处理，可作为温室大棚、水果等农作物有机肥料，或直接作为发酵床垫料使用。

　　固液分离产生的粪水具有以下特点。

　　由于含固量降低，在后续工艺的集粪池中无须使用搅拌机，节省动力，若采用管道输送，可降低堵塞的概率并减少动力消耗，方便远距离输送。

悬浮固体量减少，降低了高效过滤器被堵塞的风险。

COD 可下降 40% 左右，减轻了厌氧处理的负荷，从而减小了厌氧处理装置的容积和占地面积，节省了造价。

二、设备种类

从分离原理上，固液分离设备可分为两大类：一是沉降分离，二是过滤分离。沉降分离是依靠外力的作用，利用分散物质（固相）与分散介质（液相）的密度差异，使之发生相对运动，而实现固液分离的过程。过滤分离是以某种多孔性物质作为介质，在外力的作用下，悬浮液中的流体通过介质孔道，而固体颗粒被截留下来，从而实现固液分离的过程。

第四节　处理技术

集中处理是解决中、小规模养殖场（户）废弃物环境污染问题的最佳方式。由于集中处理在我国还刚刚开始，在养殖污水集中处理中心选址时，应统筹考虑液体废弃物的农田利用，养殖污水通过沼气工程厌氧消化生产沼气，沼液能就近进行利用。在环境要求高的地区，也可考虑污水通过好氧、人工湿地等技术处理后达标排放。

第五节　利用技术

一、沼气利用

粪便通过集中处理后主要产生沼气、沼渣和沼液，沼气用途非常广泛，可用于发电、生产天然气、燃烧锅炉、照明、火焰消毒和日常生活用气，沼渣和沼液主要用来生产有机肥。

（一）　生物质发电

1. 沼气发电的优点

（1）畜禽粪便等农业有机废弃物通过厌氧发酵，产生大量的优质沼气，经沼气发电机组生产电力后可自用，也可上国家电网销售，可获得可观的经济效益。

（2）沼气发电机组产生的多余热能可用于厌氧罐体的增温和保温，维持厌氧罐中温发酵温度，获得最佳的发酵效果。

（3）畜禽粪便等农业有机废弃物通过厌氧发酵工艺后产生的沼液、沼渣可作为有机肥使用。这样不但降低了直接使用粪便对农作物的伤害，而且沼液、沼渣对农作物还具有防虫防病的作用，同时也提高了有机肥的肥效，有利于作物增产，还可获得绿色有机农产品，提高农产品质量。

（4）减少温室气体的排放量，并使废弃物得以再生利用，实现清洁生产和畜禽废弃物的零排放，可取得显著的环境效益。

（5）畜禽粪便经过中温厌氧发酵处理，可杀灭畜禽粪便中的致病菌和寄生虫卵，可防止疫病的传播，改善畜禽养殖的卫生环境，促进畜牧业健康发展。

2. 场地的选择

选择建设沼气发电工程的地址，除须符合行业布局、国土开发整体规划外，还应考虑地域资源、区域地质、交通运输和环境保护等要素。其主要选址原则如下。

（1）符合国家政策和生态能源产业发展规划。

（2）满足项目对发酵原料的供应需求。

（3）交通方便，运输条件优越。

（4）充分利用地形地貌，地质条件符合要求。

（5）位于居住区下风向，离居住区 1 000 米以上。

（6）满足养殖场的防疫要求，并远离水源。

（7）基础条件适合沼气发电工程的特定生产需要和排放要求。

（二）生物天然气生产

利用沼气制作天然气技术目前已非常成熟，天然气在工业、农业和日常生活中用途广泛。近年来，畜禽粪便以治污为目的通过厌氧发酵生产沼气非常普遍，但产生的沼气大部分都没有利用，而是直接排于大气中，沼气中的主要组分甲烷和二氧化碳是强温室效应气体，直接排放会对大气环境造成极大的破坏。粪便集中处理产生的大量沼气给制作天然气带来了方便，可以以低成本而获得较好效益，在保护生态环境的同时实现了畜禽废弃物的资源化利用。

二、沼渣利用

粪便通过厌氧发酵集中处理后产生的沼渣量比较大，一般都生产成有机肥，通过有机肥的使用，达到资源化利用的目的。

1. 沼渣的作用

沼渣主要是用于生产有机肥，用作农作物基肥和追肥。通过有机肥的施用，不但达到了化肥减量的目的，而且还改良了土壤。沼渣也可用于配制花卉、苗木、中药材和蔬菜育苗的营养土。

2. 沼渣制作有机肥的工艺流程

有机肥生产设施有固液分离机、烘干机、翻堆机、皮带输送机、搅拌机、有机肥造粒机、自动包装机、沼液输送泵、液体肥储备池、化验设备仪器及有关附属设施。

沼渣制作有机肥工艺比较简单，如是一般有机肥只要对固液分离出的沼淹进行烘干或在阳光棚内晾干（水分在30%以内）就可装袋。

三、沼液利用

（一）回收循环利用

养殖粪水中含有大量病原微生物，如果不能进行有效无害化处理，回用过程中可能存在引发动物疫病和人畜共患病的风险，对养殖业的健康发展会带来一定的威胁。经过厌氧发酵虽然有一定的灭菌和杀灭寄生虫卵效果，若直接回用仍然存在一定的疫病风险，因此，适用的养殖废水消毒技术是确保废水（沼液）回用安全和健康养殖的关键。当前国内外主要有二氧化氯、臭氧、电解水、紫外线和超声波等废水回收利用杀菌消毒技术，可根据养殖场具体情况选择消毒办法。目前在猪场、牛场常用作冲洗水用于冲洗栏舍或场地，实现养殖粪水的"内循环、零排放"。

（二）作为农业种植有机肥料使用

沼液不能直接排放，否则会导致二次污染，必须后处理加以资源化利用。沼液可作为有机肥，根据当地土壤状况和种植施肥情况应用于果树、花卉、蔬菜、绿化草坪、牧草、苗圃等。经研究，养殖场的养殖废水厌氧发酵后的沼液中有机质含量高达0.9%，总养分大约0.2%，沼液中含有氮、磷、钾、钙、铜、锌、铁、B族维生素、赤霉素、氨基酸和酶活性物质，且经过厌氧处理后可以杀除约95%的寄生虫和有害细菌，沼液对作物的喷施和灌溉有一定抑制作物虫害的作用，可作为有效的生物防治剂，对"禾谷镰刀菌"有很强的杀抑作用，对蚜虫、红蜘蛛等也有很好的防治效果，可以减少农作物的农药使用量，长期将沼液作为作物肥料施用不会造成污染和病虫害的传播。研

究表明，养殖废水厌氧发酵的沼液浸种对作物生长有明显效果，可以明显提高作物的产量和质量。如经试验，黄瓜、番茄和苹果的产量均可提高30%以上，而且口感很好，苹果着色度高，易贮存。使用沼液还可使作物维生素贮、胡萝卜素、还原糖、可溶性固形物含量增加，果蔬的口味及外观改善，经济效益提高。

此外，沼液与无机元素络合，沼渣、沼液进行深加工，生产多元复合营养有机复合肥或叶面水肥，在农业利用上更有广阔的空间。

在使用沼液肥料期间，实行测土施肥，对种植植物生产期的土壤养分含量、沼液肥分含量以及作物所需不同成分的养分动态进行监测，合理施用沼液肥，不施用化肥、农药，开展安全生产、清洁生产，充分利用生物质资源，形成生态养殖与种植的良性循环。

（三）林业种植灌溉

在林地间建立沼液灌溉系统，将沼液引入速生丰产林、竹林、在林下种植的金线莲、铁皮石斛等中药材基地，可促进林业丰产，提高竹笋产量及中药材产量和质量，增加林产收入。适量的新鲜污水也可以用于林地、竹林地灌溉。

（四）食用菌施肥

经过消毒净化的沼液可用于食用菌日常喷洒，为食用菌提供养分及湿度，提高食用菌产量。

（五）养鱼

沼液中含有丰富的营养物质，在经过无害化处理后，可引入鱼塘养鱼。沼液较适合养殖肥水性鱼类，如鳙鱼、鲢鱼等。

第十二章　发酵床降解资源化利用技术

第一节　发酵床菌种选择

一、自制菌种：土著微生物

1. 土著微生物的采集

（1）山谷土著微生物采集方法。把做得稍微有一点硬的大米饭（1~1.5千克），装入用杉木板做的小箱（25厘米×20厘米×10厘米）约1/3处，上面盖上宣纸，用线绳系好口，将其埋在当地山上落叶聚集较多的山谷中。为防止野生动物破坏，木箱最好罩上铁丝网。夏季经4~5天，春秋经6~7天，周边的土著微生物潜入米饭中，形成白色菌落。把变成稀软状态的米饭取回，米饭与红糖以1:1的比例拌匀后装入坛子里（数量是坛子的2/3），盖上宣纸，用线绳系好口，放置在温度18℃左右的地方。放置7天左右，就会变成液体状态，饭粒多少会有些残留，但不碍事。这就是土著微生物原液。

（2）水田土著微生物采集方法。秋天，在刚收割后的稻茬上有白色液体溢出。把装好米饭并盖宣纸的木箱倒扣在稻茬上，这样稻茬穿透宣纸接触米饭，很容易采集到稻草菌。约7天后，木箱的米饭变成粉红色稀泥状态，将米饭取回，与红糖以2:1

的比例拌匀装坛子、盖宣纸、系绳。5~7 天后内容物变成原液。在稻茬上采取的土著微生物，对低温冷害有抵抗力，用于猪舍、鸡舍，效果很好。

2. 原种制作方法

把采集的土著微生物原液稀释 500 倍与麦麸或米糠混拌，再加入 500 倍的植物营养液、生鱼氨基酸、乳酸菌等，调整水分至 65%~70%。装在能通气的口袋或水果筐中或堆积在地面上，厚度以 30 厘米左右为宜，在室温 18℃时发酵 2~3 天后，就可以看到米糠上形成的白色菌丝，此时堆积物内温度可达到 50℃左右，应每天翻 1~2 次。如此经过 5~7 天，形成疏松白色的土著微生物原种。

也可在柞树叶、松树叶丛中，采集白色菌落，直接制作原种. 具体方法是：将采集来的富叶土菌丝 0.5 千克与米饭 1 千克拌匀，调整水分至 90%，放置 24 小时（温度 20℃），此时，富叶土菌丝扩散到米饭上，再将其与麦麸或米糠 30~50 千克拌匀（水分要求 65%~70%）。为了提高原种质量，最好用通气的水果筐，这样不翻堆也可做出较好的原种。

3. 菌种的保存

制作好的菌种经过 7~8 天的培养后，即可装袋放在阴凉的房间里备用，一般要求 3~6 个月使用完，最好现制现用。

4. 自制培养微生物菌种的原种制作方法

以充分腐熟、聚集了土著微生物的畜禽粪便为原料，通过添加新鲜的碳源，如糖蜜、淀粉等，其他营养如酵母提取物、蛋白胨、植物提取物、奶粉等，按原料：水为(1：15) ～ (1：10) 的比例，在室温下（20~37℃）培养 3~10 天，进行扩繁制作原种，然后通过普通纱布过滤，将过滤液作为接种剂，接种量为 0.5~1.0 千克/平方米，用喷雾或泼洒的方式接种于发酵床的垫料上，并与表层（0~15 厘米）垫料充分混合，以达到促进粪便快速降解的目的。

5. 腐熟堆肥原料的采集

就近找一堆肥厂，或自己堆制。堆肥所用原料为畜禽粪便，经至少 7 天以上高温期，35 天以上腐熟期，将充分腐熟的堆肥晒干，敲碎，备用。

6. 微生物培养

将所采集的腐熟堆肥，放入塑料、木制或陶瓷等防漏的容器中，按原料的重量，加入新鲜碳源（15%）与其他营养物质（0.05%~1.0%），再加入 1∶10 的水分，搅拌混合，在室温下培养 5~10 天。培养过程中，每天用木棒搅拌 3 次以上，以补充氧。培养结束后，用干净的纱布过滤，过滤液作为接种剂。

7. 接种

用喷雾器或水壶将接种剂均匀地喷洒于发酵床的垫料表面，接种量为 0.5~1.0 千克/平方米，然后用铁耙或木耙将 0~15 厘米的表层垫料混匀，以后每间隔 20 天接种 1 次。如果发现畜舍中有异味或发现降解效果下降或在防疫用药后，均要增加接种次数与接种量。

二、购买商品菌种

根据发酵床养殖技术的一般原理和土著微生物的活性特点，不适宜、不愿意自行采集制作土著微生物的养殖场（户），应选择效果确实的正规单位生产的菌种。选购商品菌种时应注意以下几点。

1. 看菌种的使用效果

养殖户在选择商品菌种时，要多方了解，实地察看，选择在当地有试点、效果好、信誉好的单位提供的菌种。

2. 选择正规单位生产的菌种

应选择经过工商注册的正规单位生产的菌种。生产单位要有菌种生产许可证和产品批准文号及产品质量标准。一般正规单位提供的菌种，质量稳定，功能强，性价比高。

3. 发酵菌种色味应纯正

商品菌种是经过一定程度纯化处理的多种微生物的复合体，颜色应纯正，没有异味。

4. 产品包装要规范

商品菌种应有使用说明书和相应的技术操作手册，包装规范，有单位名称、地址和联系电话。

第二节　发酵床垫料选择

垫料的选择应该以垫料功能为指导，结合粪尿的养分特点，尽可能选择那些透气性好、吸附能力强、结构稳定，具有一定保水性和部分碳源供应的有机材料作为原料，如木屑、秸秆段（粉）、稻壳、花生壳和草炭等。为了确保粪尿能及时分解，常选择其他一些原料作为辅助原料。

一、原料的基本类型

垫料原料按照不同分类方式，可以分成不同的类型。如按照使用量，可以划分为主料和辅料。

（一）主料

这类原料通常占到物料比例的80%以上，由一种或几种原料构成。常用的主料有木屑、稻壳、秸秆粉、蘑菇渣、花生壳等。

（二）辅料

主要是用来调节物料水分、碳氮比、C/P、pH值、通透性的一些原料。由一种或几种组成，通常不会超过总物料量的20%。常用的辅料有腐熟猪粪、麦麸、米糠、饼粕、生石灰、过磷酸钙、磷矿粉、红糖或糖蜜等。

二、原料选择的基本原则

垫料制作应该根据当地的资源状况来确定主料，然后根据主料的性质选取辅料。原料选用的原则如下。

原料来源广泛、供应稳定。

主料必须为高碳原料，且稳定，即不易被生物降解。

主料水分不宜过高，应便于贮存。

不得选用已经霉变的原料。

成本或价格低廉。

三、垫料配比

实际生产中，最常用的垫料原料组合是"锯末+稻壳""锯末+玉米秸秆""锯末+花生壳""锯末+麦秸"等，其中垫料主料主要包括碳氮比极高的木本植物碎片、木糠、锯末、树叶等，禾本科植物秸秆等。下面以某成品菌种制作发酵床垫料为例说明垫料原料的配比情况，如下表所示。

表　采用成品菌种的发酵床垫料原料组成

原料	透气性原料	吸水性原料	营养辅料	菌种
	谷壳	锯末	米糠	某成品菌种
冬季	40%～50%	40%～50%	3.0千克/立方米	200～300克/立方米
夏季	50%～60%	40%～50%	2.0千克/立方米	200～300克/立方米

第三节 原位发酵床养殖技术

一、技术概述

原位发酵床模式是用锯末、稻壳、秸秆等配以专门的微生物制剂制作成垫料，畜禽在垫料上生活，粪尿排泄在垫料里，垫料里的有益微生物能够迅速降解粪尿，不需要清粪和处理污水，从而没有任何废弃物排出场外，做到了无污染、零排放，较好地解决了养殖场环境污染问题，同时改善了猪的生活环境和福利。目前，普遍采用大栏饲养、机械翻料的方式，解决了传统人工翻料劳动强度较大的问题。

二、技术要点

以原位发酵床养猪为例。

1. 发酵床建设

（1）发酵床。按发酵床与地面相对高度不同，发酵床分为地上式、地下坑式、半地上式。

①地上式：发酵床底面与猪舍地面同高，样式与传统猪栏舍接近，猪栏三面砌墙，一面为采食台和走道，猪栏安装金属栏杆及栏门。地上式发酵床适合于地下水位高，雨水易渗透的地区，发酵床深度为 0.6~0.8 米。金属栏高度：公猪栏为 1.1~1.2 米，母猪栏为 1.0~1.1 米，保育猪栏为 0.6~0.65 米，中大猪栏为 0.90~1.0 米。

优点：猪栏高出地面，雨水不容易溅到垫料上；地面水不会流到垫料中，床底面不积水；猪栏通风效果好；垫料进出方便。

缺点：猪舍整体高度较高，造价相对高些；猪转群不便；

由于饲喂料台高出地面，饲喂不便；发酵床四周的垫料发酵受环境影响较大。

②地下坑式：在猪舍地面向下挖一定的深度形成发酵床，即发酵床在地面以下。不同类型猪栏地面下挖深度不一样，发酵床深度一般为0.6~0.8米。地下坑式发酵床适合于地下水位低，雨水不易渗透的地区，有利于保温，发酵效果好。猪栏安装金属栏杆及栏门，金属栏高度与地上式相同。

优点：猪舍整体高度较低，地上建筑成本低，造价相对低；床面与猪舍地面同高，猪转群、人员进出猪栏方便；采食台与地面平齐，投喂饲料方便。

缺点：雨水容易溅到垫料上；垫料进出不方便；整体通风稍差；地下水位高时床底面易积水。

③半地上式：发酵床部分在地面以上部分在地面以下，发酵床向地面下挖0.3~0.4米深，即介于地上式与地下坑式之间，具有地上式和地下坑式两者的优点。

（2）过道。单列式猪舍一侧或者双列式猪舍的中间设计成通长的过道，宽90~120厘米。

（3）水泥平台。过道栏杆与发酵床之间设水泥平台，宽150~180厘米，平台向走道侧有坡度。

（4）给排水。饮水采用乳头式自动饮水器。每栏设2~3个，距床面30~40厘米，下设集水槽，将猪饮水时漏下的水向外引出，流入走道侧的水沟内，防止流进发酵床。

（5）食槽。食槽位于水泥平台上，为自动采食槽。

2. 菌种处理

可以自制土种菌，也可以选择质量好的商品菌种，并按购买菌种使用说明进行处理。

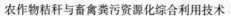

3. 垫料选择

发酵床的垫料选择参见本章第二节叙述。

4. 发酵床制作

（1）前期准备。干撒式发酵床菌剂 1 袋可铺 15~20 平方米发酵床，每袋菌剂按照 1∶10 的比例加入麸皮、玉米粉或者是米糠，不加水混合均匀。注意加入载体不仅起到扩充发酵床菌种的作用，还可以作为菌剂的营养物，使操作更简便。

（2）垫料准备。面积 20 平方米的猪床需要锯末 10 立方米。锯末需无毒无害，去杂并晒干后使用。玉米秸秆、花生壳、稻壳也可以作为发酵床垫料。

（3）铺撒菌种。每铺设 10 厘米厚的锯末，铺撒一份菌种，也可以混合均匀后再铺，切记无须加水。

（4）铺足垫料。猪床要求锯末厚度 50 厘米（鸡、鸭、鹅、羊 40 厘米）。因发酵床正式启用后锯末会下沉，所以需把垫料铺足。如锯末不易得到，可部分用稻壳、花生壳、秸秆代替，表层 20~30 厘米须用锯末。

（5）启用。发酵床铺撒完成，猪喂饱后可以立即进入发酵床，7~14 天发酵床就可以正常启动。

5. 发酵床维护

（1）垫料翻耙。每天人工匀粪 1 次，7~15 天用挖掘机或旋耕机深翻 1 次。

（2）垫料补充。发酵床在消化分解粪尿的同时，垫料也会逐步损耗，床面会自行下沉，当床面下沉 5~10 厘米时，应考虑补充垫料。

（3）水分控制。日常管理要注意发酵床的水分含量。垫料合适的水分含量通常为 38%~45%，因季节或空气湿度的不同而略有差异。常规补水方式可以采用加湿喷雾补水，也可补菌时结合补水。

（4）保温透气。冬天早晚温度低时，放下卷膜杆增加舍温，加快发酵。中午温度高时，摇升卷摸杆以透气，提供充分发酵所需氧气。夏季应注意舍内降温，减少夏季高温造成的不良影响。

6. 垫料利用

使用后的发酵床垫料直接出售供农业利用或生产有机肥。

第四节　异位发酵床养殖技术

一、技术概述

异位发酵床模式将畜禽养殖与粪污发酵处理分开。在畜禽舍外另建垫料发酵棚舍，畜禽不接触垫料。畜禽粪污收集后，利用潜污泵均匀喷在垫料上进行生物发酵。这是近年来各地大力推广的一项新型环保养殖方式，具有减少臭味产生和改善环境的作用。它具有投资少、操作简单、方面实用、不需要人工清理粪污等特点。与原位发酵床相比，有效克服了消毒不方便、易诱发呼吸道疾病、畜禽舍改造成本高等问题，在环境保护上为养殖业开辟了一条新的途径。

采用该技术工艺可以克服舍内微生物发酵处理猪场粪污存在的一些不足，具有占地面积小、投资较少、运行成本低和无臭味等优点，养猪场无须设置排污口，可实现粪污零排放，粪污经发酵处理后可全部转化为固态有机肥原料，实现变废为宝。

二、技术要点

以异位发酵床养猪为例。

1. 类污收集

猪舍粪尿通过漏缝地板进入粪尿沟,经水冲,通过封闭渠道进入粪污收集池。粪尿沟和粪污收集池之间存在一定坡度,便于收集,均采用砖混结构,以防渗漏。收集池上加盖顶篷,防雨水、防溢出。收集池容积大小按1头猪0.1立方米比例建设。池内置潜污泵1台,将粪污通过PVC管道泵入发酵床。

2. 菌种使用

可以自制土种菌,也可以选择质量好的商品菌种,并按购买菌种使用说明进行处理。

3. 垫料选择

发酵床的垫料选择参见本章第二节叙述。

4. 垫料预发酵

(1)垫料混匀。在发酵床中将垫料物料充分混合均匀,混匀过程中慢慢喷洒菌液和猪粪尿,不能有团块,湿度以抓起一团垫料握紧后松开手掌,垫料依然可成团但无水滴滴下来为宜。

(2)预发酵。将所有垫料堆积不低于1米。正常情况2~3天开始启动升温,发酵6天后,垫料中央温度上升到50℃以上,即可摊开,用于发酵床制作。

5. 发酵床大棚

可使用塑料大棚形式,长方形为宜。棚内面积可按存栏1头猪0.2平方米比例设计。棚内径宽度可根据导轨式翻耙机长度设定,一般3.65米;如果不使用翻耙机,宽度可根据需要设计。棚顶高2.4~2.5米,肩高1.4~1.5米。棚长度按养殖规模需要调整。

6. 发酵床运行和维护

(1)垫料铺设。在铺设发酵垫料前,在床底层一般先铺一层木屑和谷壳，厚度 10 ~ 20 厘米，以增加底部透气性和吸水。垫料铺设厚度标准为 1.2 ~ 1.8 米。

（2）粪污添加。根据垫料发酵情况，适时添加粪污。一般每隔 1 ~ 3 天（夏季 1 天，冬季 2 ~ 3 天）通过潜污泵和 PVC 管道将粪污均匀喷洒到发酵床面，不得将粪污堆积在某一区域，以防造成死床。粪污喷洒量视垫料发酵和干湿情况确定，中心垫料水分应控制在 25% ~ 45%，抓起一团垫料握紧后松开手掌，依然可成团但无水滴滴下来即可。

（3）垫料翻耙。发酵床需要每天进行翻耙，特别是粪污喷洒当日要耙匀。如使用翻耙机每天至少翻耙一两个来回，使发酵床获得足够的氧气，保证发酵效果。

（4）补充垫料和菌种。每月根据发酵床垫料消耗情况，补充垫料和菌种，菌种补加量一般 5 克/平方米，均匀喷洒到发酵床中。一般发酵床可维持使用 3 年左右。

（5）保温透气。冬天早晚温度低时，放下卷膜杆以增加棚内温度，加快发酵。中午温度高时，摇升卷膜杆以透气增氧。

三、注意事项

从源头上最大限度地减少粪污产生量。全场雨水、污水应彻底分流；采用全漏缝免冲洗清粪工艺；安装水位计饮水器或碗式饮水器代替鸭嘴式饮水器；清栏后，应用高压（200 帕左右）冲水枪冲洗；加强猪场用水管理，防止"跑、冒、滴、漏"现象发生。

严防发酵池渗漏。发酵池地面及墙体内侧面应作防渗漏处理，确保污水不渗出。

严格控制粪污喷洒量。发酵基质每日粪污喷淋量不得超过 30 千克/立方米。

第十三章　种养结合资源化利用技术

第一节　种养结合技术

一、种养平衡

"以种定养"是指从种养系统物质循环的角度合理规划养殖规模，防止畜禽粪便过量产出增加环境压力；"以养促种"是指通过畜禽粪便无害化处理和科学合理的还田利用等手段，来促进种植业。通过建立"以种定养""以养促种"的农业生产模式，实现废弃物高效循环利用，降低环境污染风险，从而缓解农业污染减排压力。

（一）以种定养

种养系统间的物质循环是开放型的，受到多种因素的综合影响。畜禽粪便还田区域的土地利用方式、与城镇居民区的距离、与水体的距离与道路的距离、与养殖场的距离、土壤质地、土壤肥力、坡度、降水量等均为环境影响限制因子。这就决定了不同区域土地利用畜禽粪便的适宜程度不同，从而影响了农田载畜量的大小。在确定农田载畜量时，应首先根据该区域畜禽粪肥还田适宜程度，遴选出适宜还田的区域，并在此基础上综合考虑适宜还田区域农田养分水平、不同作物养分需求和该区域不同种类畜禽粪便的养分含量，最终在确定本区域农田载畜量基础上制订畜禽养殖规划。

在进行以种定养时，首先要确定当地的农地畜禽粪便承载能力。这是不同农地对畜禽粪便吸收消纳量的客观反映，当然畜禽粪便的利用率直接影响农地畜禽粪便承载量。

（二）以养促种

"以养促种"是指通过畜禽粪便无害化处理和科学合理的还田利用等手段，来促进种植业。由于不同种类畜禽的粪便所含环境有害成分及其适用的作物和土壤均存在差异，如果不进行无害化处理和科学有效地利用也会影响作物生长并产生一系列的环境问题。因此，在"以种定养"的基础上实现"以养促种"，降低畜禽粪便资源化利用环境风险，也是保障种养系统平衡的关键环节。

种养平衡发展模式是今后畜牧业污染减排的重要推动力，将极大地促进畜禽养殖污染治理和畜牧业可持续发展。

二、科学施用

（一）正确认识畜禽粪肥

畜禽粪肥或以畜禽粪肥为主要原料的有机肥对有效治理环境污染、改良土壤结构、提高农作物产量和品质等具有十分明显的优势，但也有一些弊端，必须正确认识，在施用时引起注意。

（1）畜禽粪肥或以畜禽粪肥为主要原料的有机肥含盐分较重、易使土壤盐化，提高营养元素对农作物的肥效临界点，增大施肥量。严重时会导致种子不发芽、烧苗、烧根。

（2）有些畜禽粪肥的氮以尿酸形态氮为主，尿酸盐不能直接被作物吸收利用，在土壤中分解时消耗大量的氧气，释放出二氧化碳，故易伤害作物根部。

（3）畜禽粪肥中可以检出芽孢杆菌属、大肠埃希菌以及十多个属的真菌和一些寄生虫等，易引起病虫害。

（4）部分畜禽粪肥存在着微量元素含量超标的问题。在畜禽饲料中，由于大量添加铜、铁、锌、锰、钴、硒和碘等微量元素，使得许多未被畜禽吸收的微量元素积累在畜禽粪便中。根据有关单位调查，一些大中型畜禽养殖场所使用的饲料中，重金属污染比较严重，铜、锌、铬、铅和镉的含量普遍超过国家饲料卫生标准或无公害生产饲料标准，砷和汞等毒害元素也个别超标。

（5）大部分畜禽粪肥或以畜禽粪肥为主要原料的有机肥呈酸性，易生病菌，须用石灰中和，易致土壤板结。

（6）畜禽粪肥或以畜禽粪肥为主要原料的有机肥肥性较热，在高温天气使用，易烧苗烧根。

（7）畜禽粪肥或以畜禽粪肥为主要原料的有机肥需要堆沤腐熟后使用，用工多，周期长。

（8）畜禽粪肥或以畜禽粪肥为主要原料的有机肥因杂质较多，纯度偏差极大，含量极不稳定，无法保证施用养分含量及效果。

（9）畜禽粪肥中的硫化氢等有害气体挥发产生恶臭，造成空气污染。

（二）合理施用

畜禽粪肥或以畜禽粪肥为主要原料的有机肥施用必须特别注意，施用不当或滥施对作物、土壤及环境均会产生不良影响，应加深认识，及早做好预防及补救措施。这里以鸡粪及猪粪为例，分别说明施用畜禽粪肥或以畜禽粪肥为主要原料的有机肥对作物及土壤的不利之处。

新鲜鸡粪中的氮主要为尿酸盐类，这种盐类不易被作物直接吸收利用，而且对作物根系的生长有害。因此，该类粪肥施用前应先堆积发酵腐熟方可施用。鸡粪发酵温度高，易伤植物幼根，新鲜粪便一般不宜直接施用，经过堆沤充分腐熟后才能施用。尤其要注意的是，由于鸡饲料中的添加剂含激素成分很高，应该通过堆制进行脱激素处理。同时，鸡粪尿中易带有蛔虫卵，因此需要通过堆制 40 天左右进行杀灭。建议禽粪在常温下堆制 60 天，可安全用于无污染蔬菜生产，但冬季堆沤由于气温低，比夏秋季堆沤时间要延长 2 个月。此外，施用鸡粪时宜与土充分混匀，不宜施得太厚，以免伤根；鸡粪施入要均匀，只有这样才能使植株长势均一，便于管理；定植时根系千万不能与鸡粪直接接触。

　　猪粪中也含有蛔虫卵，且需要 50 天左右才能对其进行杀灭；其添加剂中激素成分也很高，亦需通过堆制进行脱激素处理。

第二节　尿泡粪综合利用技术

一、尿泡粪+干湿分离+农田利用技术

（一）概述

　　采用漏缝地板收集粪尿，然后进行干湿分离，分离出的固体堆肥，液体进入贮存池暂存。类似于"干清粪+堆肥发酵+农田利用"方法，区别在于，一个是干清粪，粪尿分开收集，分别处理；一个是尿泡粪，粪尿混合收集，通过干湿分离后再分别处理。

（二）技术要点

　　（1）粪污收集。采用尿泡粪工艺。猪舍地面铺设漏缝地板，

下面建排粪沟，粪沟深 150 厘米以上，安装有管道式或间隔式通风系统。首次在排粪沟中注入 20~30 厘米深的水（以后不需要），粪尿通过漏缝地板排放到粪沟中，贮存 3~5 个月，打开出口的闸门，将粪水排出。

（2）固液分离。从粪沟排出的粪污进入调节池搅拌均匀，然后用管道输送到干湿分离机进行固液分离，分离出的固体含水量 50% 以内。

（3）固体堆肥发酵。分离出的固体物质通过 5~6 个月堆肥发酵后直接出售或生产有机肥。堆肥要有贮存棚，要求防雨、防渗。贮粪棚所需容积按每 10 头猪（出栏）不少于 0.5 立方米计算。

（4）液体贮存。分离出的液体直接进入贮存池暂存，一般存放 150 天后使用。贮存池为露天水池，周围高出地面 50 厘米以上，下面用 PE（聚乙烯）膜铺底，防止渗漏。每头猪（出栏）需建 0.1 立方米贮存池。

（5）农业利用。生物质有机肥作为农田积肥，液体直接供农田利用。每亩土地年消纳液体量不能超过 5 头猪（出栏）。

（三）适用范围

本方法比较适合年出栏 5 000 头以下的规模猪场使用。

二、尿泡粪+沼气发酵+农田利用技术

（一）概述

采用尿泡粪工艺，粪尿混合收集后，全部进入沼气池进行处理，产生的沼液和沼渣供农田利用。采用漏缝地板工艺，不需要清粪，可减少养殖场劳动用工，便于组织规模化生产。不进行干湿分离，粪尿全部沼气发酵，产气量大。

（二）技术要点

（1）粪污收集。猪舍地面铺设漏缝地板，下面建排粪沟，粪沟深 80～150 厘米，安装有管道式或间隔式通风系统。首次在排粪沟中注入 20～30 厘米深的水（以后不需要），粪尿通过漏缝地板排放到粪沟中，贮存 15～30 天，打开出口的闸门，将粪水排出。

（2）沼气发酵。从粪沟排出的粪水流入主干沟，通过管道进入沼气发酵罐进行厌氧发酵，发酵时间不少于 30 天。发酵产生的沼气用于发电。发酵罐容积为每头猪（出栏）需 0.2 立方米。

（3）沼液贮存。产生的沼液在贮存池暂存。贮存池使用 PE（聚乙烯）膜铺底，不漏水。沼液在贮存池存放 3 个月以上即可使用。每头猪（出栏）需建贮存池 0.1 立方米。

（4）农业利用。产生的沼渣用作基肥，沼液浇灌农田。大田种植每亩土地可以消纳 5 头猪产生沼液量；种植果树、蔬菜，每亩可消纳 10 头猪产生的沼液量。

（三）适用范围

本方法比较适合年出栏 10 000 头以上的规模猪场使用。注意加强猪舍环境控制，避免粪污停留产生的有害气体污染舍内环境。

三、尿泡粪+液态堆肥+农田利用技术

（一）概述

采用尿泡粪工艺，粪尿混合收集，不进行固液分离，全部直接进入贮存池贮存，长时间发酵腐化后，粪污直接供农田利用。该方法实质为液态堆肥，发酵腐熟时间比固态堆肥长。这

是国外小规模猪场较为常用的一种方式。

（二）技术要点

（1）粪污收集。猪舍地面铺设漏缝地板，下面建排粪沟，粪沟深 150 厘米以上，安装有管道式或间隔式通风系统。首次在排粪沟中注入 20~30 厘米深的水（以后不需要），粪尿通过漏缝地板排放到粪沟中，贮存 3~5 个月，打开出口的闸门，将粪沟中粪水排出。

（2）粪污贮存。排出的粪水流入主干沟，再进入贮存池贮存，存放时间 6 个月以上。贮存池为水泥池，防渗漏，上方密封，深 1.5~2 米，容积根据养殖量确定，一般每头猪（出栏）需 0.2 立方米。在水泥池的一角留出粪口，平时堵住。

（3）农业利用。粪污熟化后直接供农田利用。每亩土地可以消纳 2~3 头猪产生量。

（三）适用范围

本方法比较适合年出栏 2 000 头以下的猪场使用。猪场应远离村庄或居民区。

四、尿泡粪+干湿分离+沼气发酵+农田利用技术

（一）概述

采用尿泡粪，粪尿通过漏缝地板自动掉入粪沟，粪尿混合收集，再进行干湿分离，分离出的固体堆肥，液体进行沼气发酵。这种方法采用漏缝地板工艺，不用清粪，减少用工；改水泡粪为尿泡粪，从源头上降低了污水产生量；通过固、液分别处理，实现了粪污的减量化、无害化和资源化利用。

（二）技术要点

（1）粪污收集。采用尿泡粪工艺。猪舍内地面除走道外全部铺设漏缝地板，每头育肥猪所占面积为 0.8~1.0 平方米，种猪 1.0~2.0 平方米。漏缝地板下面为粪沟，深 0.8~1.5 米。底部留有出污口，每 15~30 天排放一次。舍内装有通风系统和感应装置，当有害气体超标时，换气扇自动运转，通风换气。

（2）干湿分离。从粪沟排出的粪污进入调节池搅拌均匀，然后用管道输送到干湿分离机进行干湿分离。干湿分离出的固体含水量在 50% 以内。

（3）固体堆肥发酵。分离出的同体物质通过 5~6 个月堆肥发酵后直接出售或生产有机肥。堆肥要有贮存棚，要求防雨、防渗。贮粪棚所需容积按每 10 头猪（出栏）不少于 0.5 立方米计算。

（4）液体沼气发酵。分离出的液体进入沼气池进行厌氧发酵。沼气池采用 PE 膜或发酵罐。膜式发酵池每头猪（出栏）需 0.4 立方米；发酵罐每头猪（出栏）不少于 0.1 立方米。发酵过程一般 2~3 个月。

（5）沼液贮存。沼液进入贮存池暂存，一般存放 150 天后使用。可用部分沼液冲洗粪沟。贮存池为露天水池，周围高出地面 50 厘米以上，下面用 PE 膜铺底，防止渗漏。每头猪（出栏）需贮存池 0.1 立方米。

（6）农业利用。有机肥作为农田积肥，根据肥力每亩施用 500~2 000 千克。大田种植每亩地能消纳 5 头猪产生沼液量；种植果树、蔬菜，每亩地可消纳 8~10 头猪的产生量。

（三）适用范围

本方法比较适合年出栏 10 000 头以上的规模猪场使用。注意加强猪舍环境控制，实时监测，避免有害气体污染舍内环境。

第三节 干清粪综合利用技术

一、干清粪+堆肥发酵+农田利用技术

(一) 概述

采用干清粪,粪便通过收集、清扫,运至贮粪棚堆肥发酵,尿液或冲洗污水收集后在贮存池暂存,粪便和尿液直接供农田利用。这种方式能及时清除舍内粪便、尿液,保持舍内环境卫生,减少粪污处理用水、用电,保持固体粪便营养,不用建设复杂的粪污处理设施,资金投入少,工艺简单,便于操作,运行成本低。

(二) 技术要点

(1) 干清粪。要求粪便日产日清。可采用人工清粪或机械清粪。清出的粪便及时运至贮粪棚。场区做到雨污分流,净污道分开,防止粪便运输过程中污染场区环境。

(2) 尿液或污水收集。每栋畜舍设一个尿液或污水收集池,上部密封,容积1~2立方米。畜舍内的尿液或污水先流入收集池,再汇集至贮存池。粪尿沟应设在舍内,舍外部分要加盖盖板,防止雨水流入。

(3) 粪便处理。粪便在贮粪棚内堆肥发酵5~6个月。粪便过稀不便于堆肥时,可以与秸秆混合堆肥,秸秆的添加比例一般为10%~20%。贮粪棚通风良好,防雨、防渗、防溢出。贮粪棚所需容积:每10头猪(出栏)1立方米;每头肉牛(出栏)或每2头奶牛(存栏)1立方米;每2 000只肉鸡(出栏)或每500只蛋鸡(存栏)1立方米。

(4) 尿液或污水贮存。贮存池要防雨、防渗,周围高于地

面，防止雨水倒流。尿液在贮存池存放 5~6 个月后才能使用。贮存池所需容积：猪（出栏）不少于 0.1 头，肉牛和奶牛可以按照下列关系换算，1 头肉牛或 2 头奶牛相当于 10 头猪。

（5）农业利用。粪便和尿液直接供农田利用。每亩土地年消纳尿液量不能超过 5 头猪（出栏）、0.2 头肉牛（出栏）、0.4 头奶牛（存栏）.的产生量。每亩土地年消纳粪便量不超过 5 头猪（出栏）、200 只肉鸡（出栏）、50 只蛋鸡（存栏）、0.2 头肉牛（出栏）、0.4 头奶牛（存栏）的产生量。

（三）适用范围

本方法比较适合年出栏 10 000 头以下猪场，存栏 500 头以下肉牛场，存栏 300 头以下奶牛场，年出栏 10 万只以下肉鸡场或存栏 50 000 只以下蛋鸡场使用。

二、干清粪+堆肥发酵+沼气发酵十农田利用技术

（一）概述

该方法将粪便与污水分开处理，实现资源化利用目的。粪便作干清粪及时清理，采用自然干化、堆肥发酵、高温曝气等工艺，利用生物学特性结合机械化技术，通过自然微生物或接种微生物将粪便完全腐熟，生产有机肥，实现粪便的减量化、稳定化和无害化。污水经厌氧发酵产生沼气用于发电，沼液经暂存净化后用于农田。此处理方法具有运行费用低、处理量大、无二次污染等优点，目前被广泛使用。

（二）技术要点

1. 粪便处理

（1）粪便清除。利用人工或机械进行干清粪。

（2）粪便堆积。将粪便集中运输到贮粪棚堆积贮存，经 1~

3天的自然发酵干化备用。贮粪棚大小一般按10头猪1平方米或1头牛1平方米建设，地面要做硬化处理，以防渗漏，加盖顶篷防雨水，四周设1米高围墙，留出口。

（3）发酵车间。将粪便集中运输到发酵车间。车间建设：假设1万头猪场，建议建设面积300平方米左右，长50~60米、宽5~6米、高5~6米，内建2个并联式宽2~3米（以翻抛机宽度设计）、高1.5米的水泥发酵槽。内设导轨式翻抛机1台，通过轨道从入口端移动到出口端，全面地翻抛物料，并把物料向出口端推移，再返回。车间四面墙体为砖混结构，盖顶选用阳光板，加快发酵物料起始温度的提高。

（4）发酵前预处理。将粪便、辅料（回头料、木屑、谷壳等）和发酵菌种按比例混合均匀。一般粪便85%~90%，辅料10%~15%，菌种0.01%。控制物料水分含量在60%左右。

（5）堆积发酵。将混匀的物料输送到发酵槽进行堆积发酵，厚度不低于1米。

（6）发酵腐熟。堆积发酵3~4天后物料温度可达50~65℃，高温发酵阶段物料中心温度可达80~85℃。用翻抛机每天翻抛1~2次（夏季每天1次，冬春季2天1次），起到疏松通气、散发水汽、粉碎、搅拌等作用，促进物料发酵腐熟、干燥。高温发酵时可通过设置在槽边的鼓风系统进行曝气，以控温增氧，使温度控制在55~65℃。此阶段可将畜禽粪便中的寄生虫和病原菌杀死，腐殖质开始形成，粪便初步达到腐熟。高温发酵后，再经中低温发酵、后熟，一般需要20~30天。出料端物料呈干粉状，含水率25%~30%，成为有机肥。

（7）出料去向。部分可外卖有机肥料，部分作为再发酵辅料回头，以减少锯末、谷壳的购买量和微生物菌种的添加量，也可用于种植施肥。

2. 尿液或污水处理

（1）污水集水池。栏舍污水由沟渠流经粗格栅、细格栅过滤后，进入集水池，进入沼气池前对污水进行水量调节和稳定。可按 1 头猪 0.1 立方米、1 头牛 1 立方米建设，其有效容积最小不少于日产污水量的 50%。

（2）沼气池。用于厌氧降解污水中的有机物，产生沼气。其有效容积可按 1 头猪 0.1 立方米、1 头牛 1 立方米建设。可采用目前较环保、实用的 PE 膜替代厌氧发生器，下层为发酵主体，上层用 PE 膜覆盖。

（3）沼液暂存池。用于对厌氧发酵处理出水进行暂存处理，经过一定时间的自然氧化、微生物降解、植物吸附等进行净化。暂存池有效容积可按 1 头猪 1 立方米、1 头牛 10 立方米建设，深度一般 2 米以上。经净化后的沼液经稀释后可供农田利用。

（4）沼气发电。沼气收集后可用于发电和供沼气锅炉使用。发电机发电不仅可供本场生产使用，还可以并网发电。如日产沼气 100 立方米，宜配备 10 千瓦左右的发电机组。

（三）适用范围

该模式一般适用于较大规模的养猪场或牛场。中型养猪场或牛场可根据实际情况，参照上述比例参数设计建设。

主要参考文献

李素霞，刘双，王书秀 . 2017. 畜禽养殖及粪污资源化利用
　　技术［M］. 石家庄：河北科学技术出版社 .

刘丽莉 . 2018. 秸秆综合利用技术［M］. 北京：化学工业
　　出版社 .

佘玮 . 2018. 秸秆综合利用技术［M］. 长沙：湖南科学技术
　　出版社 .